主 编
徐进亮

禮耕堂

平江历史街区——潘宅

LIGENGTANG

PINGJIANG LISHI JIEQU
PANZHAI

古吴轩出版社

主　编

徐进亮

编　委

徐进亮　倪　峻

俞国祥　陆建平

吴炳生

经典源于细节

序

苏州古城是中国古代城市史上的一个经典，对于它的精彩，人们可以从诸多方面去解析与欣赏，譬如园林、寺庙、塔宇；再譬如小桥、流水、人家。然而今天出版的这本书，也许能为大家开启另一扇观察苏州的窗口：那就是平江路卫道观前的礼耕堂。这里为你详细介绍的，正是经典苏州的一处最具代表性的建筑群落。

苏州城乃春秋时期伍子胥筑造，然而城市的布局形态不可能一蹴而就。在初始阶段，只不过是用土城墙圈围起来的一块包含了田野、土丘、河流、湖塘的地域，建筑简陋，仅茅房草棚而已，城市设施也不甚完备。随着岁月流逝，城市规模渐渐成型，建筑也变得成熟、变得精致，于是有了粉墙黛瓦，有了里坊街巷，有了小巷驳岸……

早在一千余年前的唐代，白居易在描写苏州城的诗中便有了“七堰八门六十坊”的词句，可知当时苏州的城市格局是里坊制度，即按一定区域形成的相对规整和封闭的独立居住区。按照中国城市发展史，在汉唐时期，不仅苏州，连京城长安都是里坊制度。直至宋代，中国城市格局和建筑形态才出现重大变化，其领衔者便是苏州！

南宋初期金兵南侵，苏州城被毁于一旦，化成一片废墟。此间宋高宗赵构拟将都城从临安（今杭州）迁至苏州，城市便曾按照都城要求进行重建，街巷布局初具雏形。尽管后来迁都并未如愿，但苏州城的格局和建筑形态却就此推陈出新，从里坊制走向街巷制，即“沿街设店，跨街建坊（牌坊）”，大大扩展了城市的商业活动空间和人员交通流量。著名的《平江图》水陆双棋盘的街巷和水巷格局便是当年苏州城的真实写照。后来这种新颖的城市布局对元大都和明清北京城的建造都产生过重大影响，元大都的大街胡同制度就是苏州城街巷制的继承和发展。

随着商业交通的发展和家族、宗族力量的增强，街巷制最终取代了里坊制，从而改变着城市的居住方式和建筑形态。在这种背景下，达官贵人和名门望族的私家大院应运而生。依据这种建筑形制，不仅民居前门面朝街巷，其后门也背靠街巷，如此南北两条街巷之间的距离空间，正好是传统建筑中安置照墙、门厅、轿厅、正厅、楼厅等主体建筑和天井、花园、庭院、厢房等附属建筑的进深位置。主人身份地位的尊贵与否，往往通过建筑群落的多少来体现等级；即在中轴线的中路建筑之外，是否还另辟有东路或西路建筑，而所有这些建筑群落都通过正门中轴线的主道和旁侧备弄来连通。如此形成的一组规范严谨的高墙深宅院落，便是形成这座城市最基本的建筑细胞。

封闭独立的民居私密空间和自由开放的街巷公共空间相互融合，构成了鳞次栉比的建筑风格和纵横交错的街巷景观，这就是苏州古城独特的风貌和肌理。

常言道“细节决定成败”，流连于礼耕堂，凝视着每一幢建筑，每一处院落，那些精巧的木构，精细的砖雕，精美的造型，无不让人称奇赞叹，但同时也会让人忍不住低头沉思：如此美好的建筑群落，在苏州还有很多，然而其中相当一部分至今依旧是七十二家房客。于是我想，前人用智慧和辛劳玉成的建筑瑰宝，后人究竟应该如何传承。

“路曼曼其修远兮，吾将上下而求索……”

徐刚毅

2010年9月

目录

民国期间苏州市区全景照片

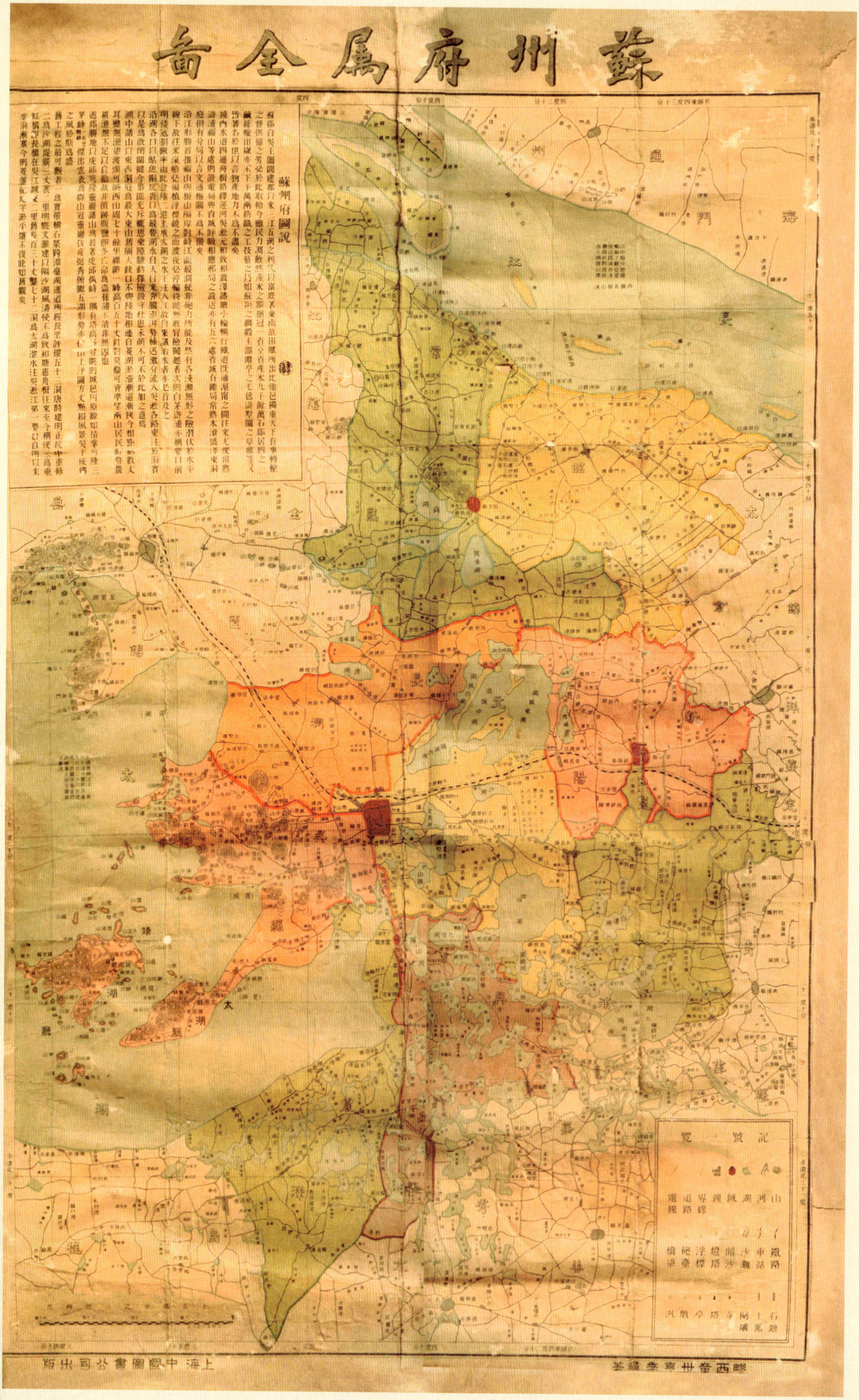

苏州府属全图
（清代）

地理背景

DILI BEIJING

壹

苏州位于长江三角洲江苏省东南部，东临上海，南接浙江，西抱太湖，北依长江，坐落在湖泊水网之中。苏州古城始建于公元前514年，距今已有2500余年历史。古城占地14.2平方公里，基本保持着“三纵三横一环”的河道水系，街道依河而建，水陆并行。建筑临水而造，前巷后河，形成“小桥、流水、人家”和粉墙黛瓦、史迹名园的独特风貌。加上文坛贤能辈出，有西晋文学家陆机，宋代政治家范仲淹、诗人范成大，明代戏曲家冯梦龙，“吴门画派”唐寅、文徵明，清代及近代文人顾炎武、俞樾、章太炎等。苏州是吴文化的发祥地，是全国首批24个历史文化名城之一。

据最新资料，苏州全市（含5个县级市）现有文物保护单位690处，其中国家级34处、省级106处、市级550处，数量仅次于北京和西安。全市另有控制保护建筑289处，还存有数百万平方米的历史老屋。这些古建筑留下了丰富的历史典故，承载着厚重的文化积淀。

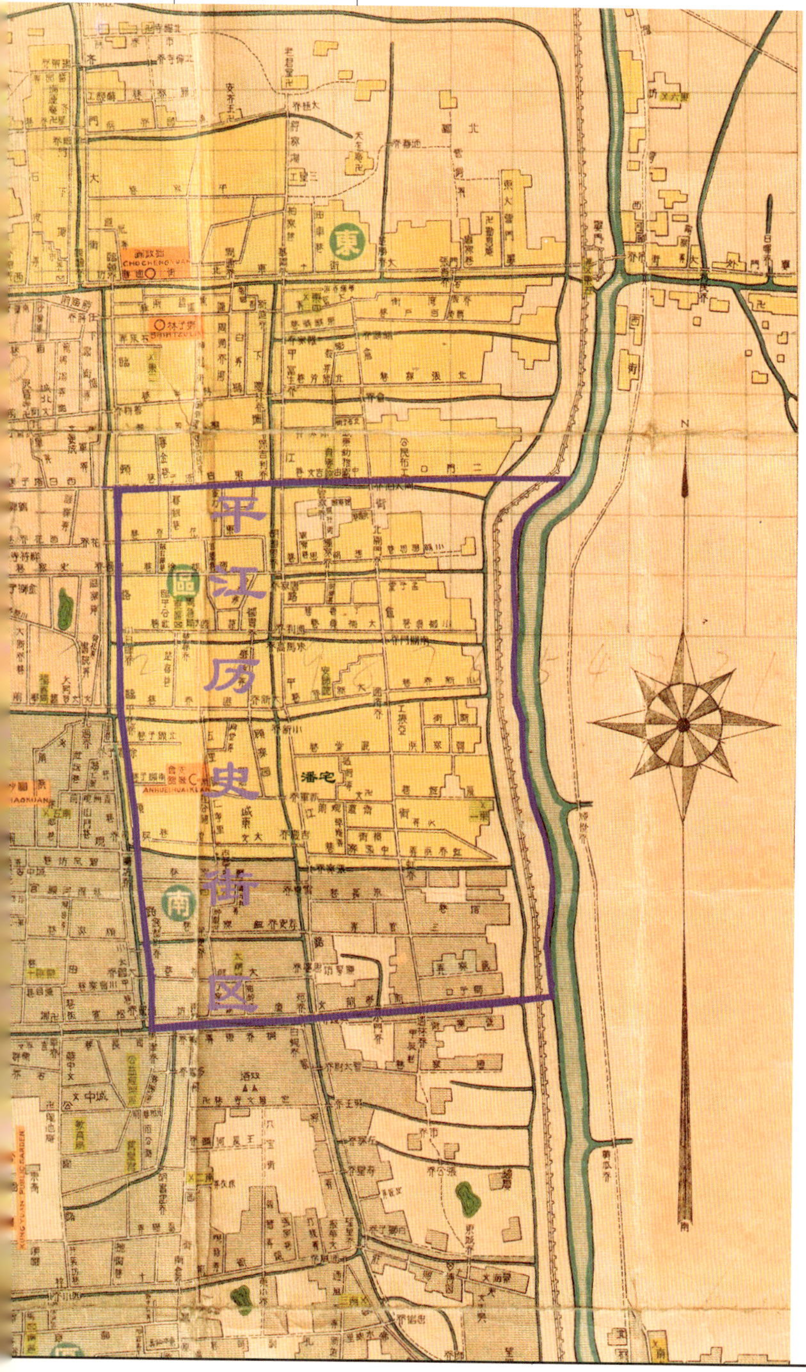

平江历史街区（民国十七年地图）

一、平江历史街区

平江历史街区位于苏州古城东部，东起环城河，南及当年以春秋铸剑名匠干将取名的干将路，西至当年吴王顿军憩息的临顿路，北止白塔东路，总面积约116.5公顷，是苏州古城内迄今保存最为完整、规模最大的历史街区。该街区内拥有世界文化遗产耦园，省、市级文物保护单位7处，市控制保护建筑44处。街区至今保持了自唐宋以来水陆结合、河街平行的双棋盘街坊格局。河道、桥梁、街巷、民居、园林、会馆、寺观、老井、古树、牌坊等历史文化遗存类型丰富且为数众多，堪称苏州古城的缩影，是全面保护苏州古城风貌的核心地区。

1986年平江历史街区被国务院批准为绝对保护区；2005年获得了联合国教科文组织颁发的2005年度亚太地区文化遗产保护荣誉奖；2009年6月无可争议地荣膺首批中国十大历史文化名街。

平江历史街区　思婆桥

君到姑苏见，人家尽枕河，

古宫闲地少，水港小桥多。

……

（唐·杜荀鹤）

古人寥寥数笔描绘出诗画的江南街巷，清雅明洁的幽静、隽永秀逸的意境。

街区内依河临水的幽深街巷，错落有致的枕河民居，粉墙黛瓦的庭院宅第，鳞次栉比地保留着许多几落几进、规模宏大、结构规整的传统民居建筑。这些连片的

平江历史街区　初夏之平江路

民居建筑，是苏州古城风貌最集中的体现，结构造型轻盈多姿，空间序列既有一致性又有灵活性；色调青白灰黑，淡雅朴素，可谓江南民居的典范。除了大多数的普通民居外，斑驳的高墙庇荫着不少封闭式的深宅大院，有些原系官僚富商宅第或曾是文化名人故居，各有千秋、独具特色。这些古朴典雅、精致含蓄的庭院宅第、私家花园，堪称中国古代天人合一、宜于人居的建筑珍品。它们布局的严谨清晰、规则分明；装饰的工艺独特、繁复细致；庭园的景色秀美、灵活轻巧，生动地反映了姑苏民居那深厚的文化底蕴和艺术特色。

平江历史街区街景

平江历史街区　平江路小桥、流水和游船

平江历史街区　古色古香的店面

平江历史街区　夜景

平江历史街区　联萼坊

二、卫道观前

平江历史街区内有一条幽深静谧的普通小巷，叫做卫道观前，它西连平江路，东接仓街，长不过360米。这条小巷的名称源自巷内的一处道观建筑，始建于元初的卫道观。

关于卫道观的文字记载，最早见于明洪武卢熊《苏州府志》：“初名会道观，宋季蜀人邓道枢以教法显于理、度两朝。宋既内附，道枢游吴中，得上官氏废圃，建此观。”卫道观坐落于今日的卫道观前16号，在宋代原上官氏废圃上重建。卫道观前的得名与苏州第一

卫道观残存的大殿全貌

卫道观前　街名和礼耕堂标记石

古色古香的卫道观前

卫道观前街景
幽静的小巷

卫道观前徐家弄墙角所用的护角石柱和石条墙脚

条步行街——观前街的街名来历相同，都是以代表性建筑道观与街巷的方位赋予其名。

卫道观前原本南河北宅，有着江南小巷依水傍河的典型特点。但小巷南侧原先近300米的水道早在清代前期就被填没，随后原水道所在地便陆续建起了民居宅院，卫道观前也就逐渐演变成今日狭长巷弄的幽深景象。

“斜阳草树，寻常巷陌”。时光荏苒，昔时的多少朝代轶事和遗痕逐渐无从探寻，只留下曾经的深宅院落，灰墙高高，露出饱经风雨的青砖、古井或湖石，依然讲述着小巷的历史典故。卫道观前至今仍然保留着一些建筑结构规整、保护现状较好的建筑遗存。而其中最有代表性的，当数是闻名遐尔的“富潘”老宅——潘宅（礼耕堂）。

潘宅——礼耕堂

PANZHAI—LIGENGTANG

贰

一、概述

卫道观前潘宅是苏州古城内留存不多的清朝中期建筑群落，距今已有200余年的历史，为徽商潘麟兆家族营造。

潘宅位于平江历史街区中部，东至徐家弄，南临卫道观前，西近平江路，北至混堂弄，坐北朝南，占地9613.34平方米，合14.42亩。潘宅现有建筑总面积8232.52平方米。

1. 建筑特色

潘宅规模宏大，共有五路七进，建有门厅、轿厅、大厅和楼厅等建筑，建筑群落以礼耕堂正厅为中线，全部粉墙黛瓦，以白灰两色为主色基调，屋宇都为木梁架结构，高大敞亮，庄重大气。建筑面积达8232.52平方米，几乎是

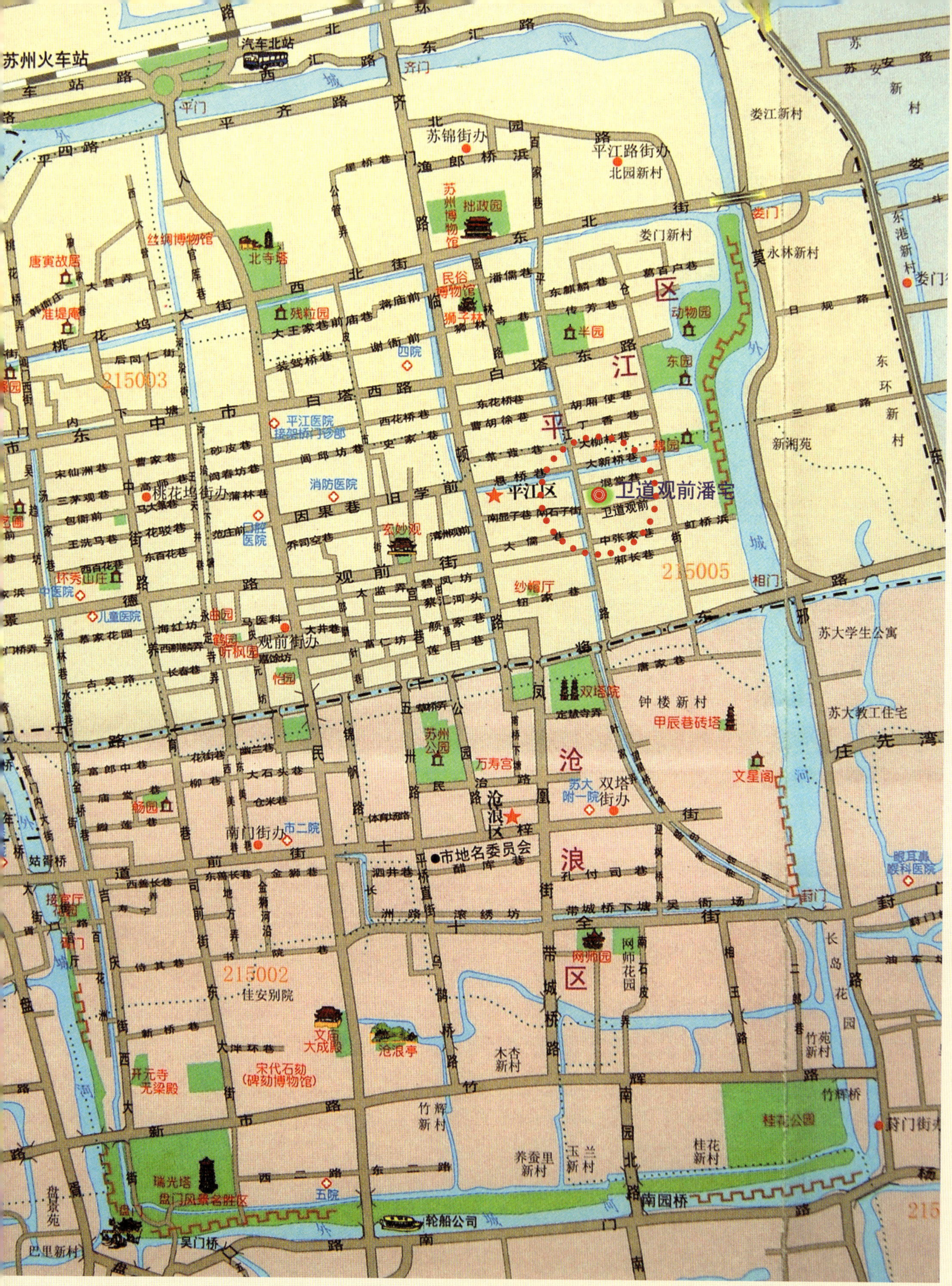

潘宅在现代苏州市区中的位置图

山西乔家大院的两倍；土地面积为9613.34平方米，合14.42亩。据光绪三十三年十一月十九日由江南苏州府元和县颁发的元字第柒百叁拾肆号“执业印照”、民国三十六年二月十日江苏省吴县的“土地所有权状”、1952年苏州市人民政府重新修正的《苏州市卫道镇地籍图》，以及文物保护单位控制地带图等相关资料进行综合分析，可见潘宅在清代已形成了宏大的建筑规模，在苏州地区首屈一指。虽然历经200余年的风风雨雨，现在潘宅的规模与当初建造时基本相符，原五路七进的格局仍然保持完整，主要建筑的原结构、原构件仍然保存完好。这一点实属不易，在整个江南地区都是比较少见。

苏州古城的深宅大院大多以封闭式院落为单位，布局严谨、结构规整，轴线清晰、层层递进；在中轴线上建有门厅、轿厅、大厅以及楼厅等，每进之间用“库门”分隔，库门都建有精致的砖雕门楼；在左右轴线上布置客厅、书屋、次要住房或厨房、杂屋等，成为中、左、右三组纵列的院落建筑群；各组院落建筑群之间设置贯通前后的备弄，兼具防火作用；有条件的还辟有花园。潘宅正是这种典型建筑的代

礼耕堂标记石

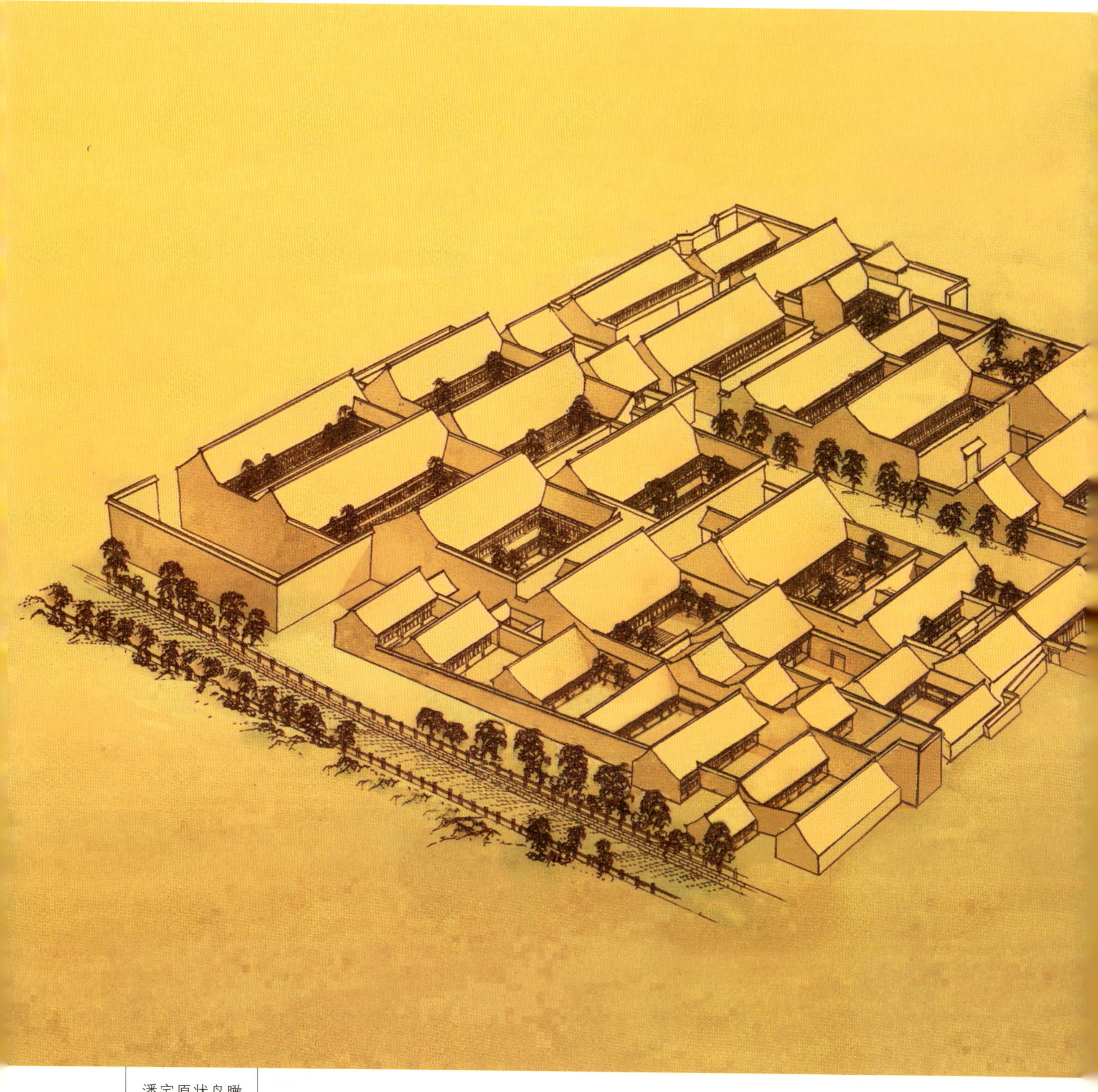

潘宅原状鸟瞰复原图

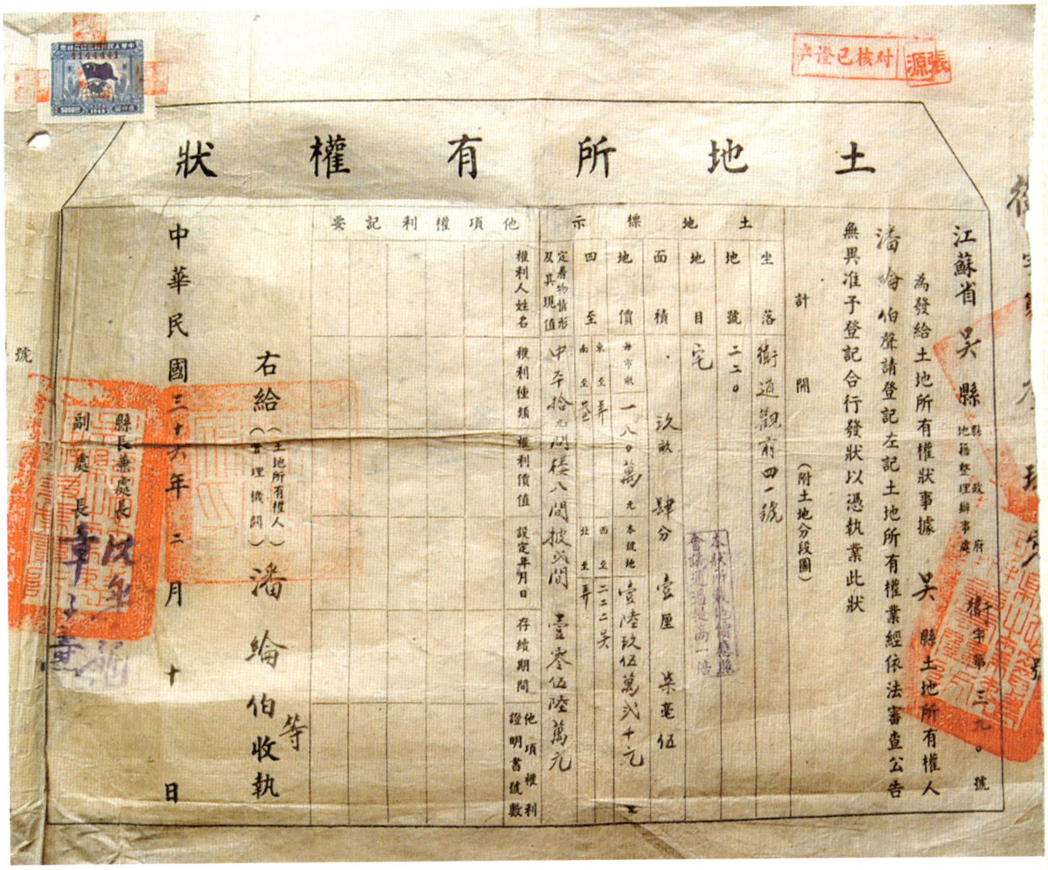

土地所有權狀

江蘇省吳縣　縣地籍整理辦事處　為發給土地所有權狀事據

潘綸伯等聲請登記左記土地所有權業經依法審查公告無異准予登記合行發狀以憑執業此狀

計開（附土地分段圖）

右給（土地所有權人）潘綸伯等收執

中華民國三十六年二月十日

潘宅

民国三十六年土地所有权状

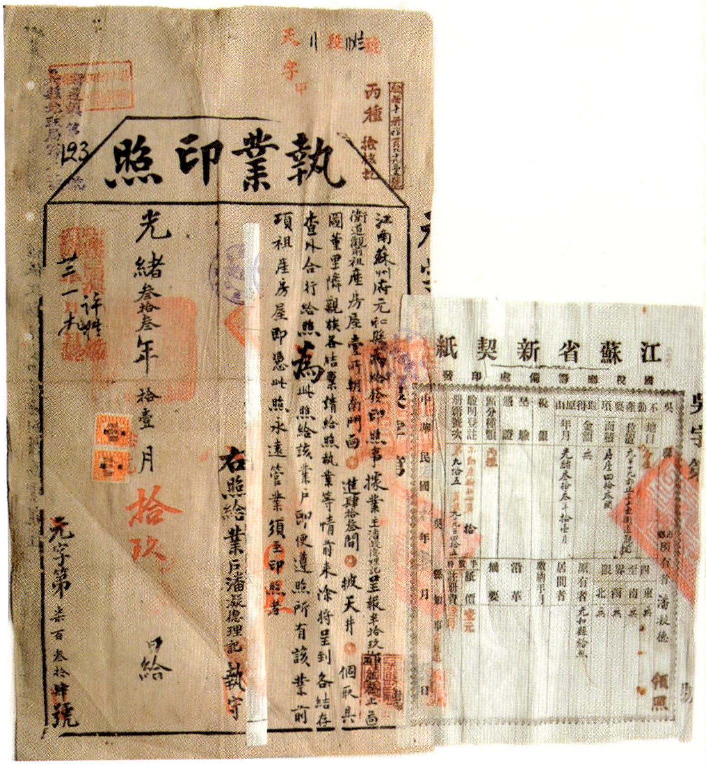

執業印照

光緒叁拾叁年拾壹月拾玖日給

江蘇省新契紙

潘宅

光绪三十三年执业印照

表作品。如果将山西的乔家大院作为中国北方民居的大型建筑群代表，体现清代中期到民国年间我国北方特别是晋中地区民居建筑独特风格的话，那么卫道观前潘宅则是江南水乡自前清和乾嘉以来民居中的杰出代表……

潘宅原有8座砖雕门楼，至今尚存7座。从数量来看，在现存的江南古宅中居于榜首；从雕塑艺术来看，图案结构虽不复杂，却严谨饱满，古朴中透出华丽，富有庄重典雅的效果；其中中路的3座砖雕门楼构图严谨，雕工精细，均属砖雕艺术中的上品，集中体现了苏州砖雕匠师高超的技艺。而东路的1座双面砖雕门楼则极富特色，在江南门楼建筑中较为罕见。

虽然历经200余年的风风雨雨，现在潘宅的规模与当初建造时基本相符，原五路七进的格局仍然保持完整。主要建筑的原结构、原构件仍然保存完好。

潘宅现状全景图

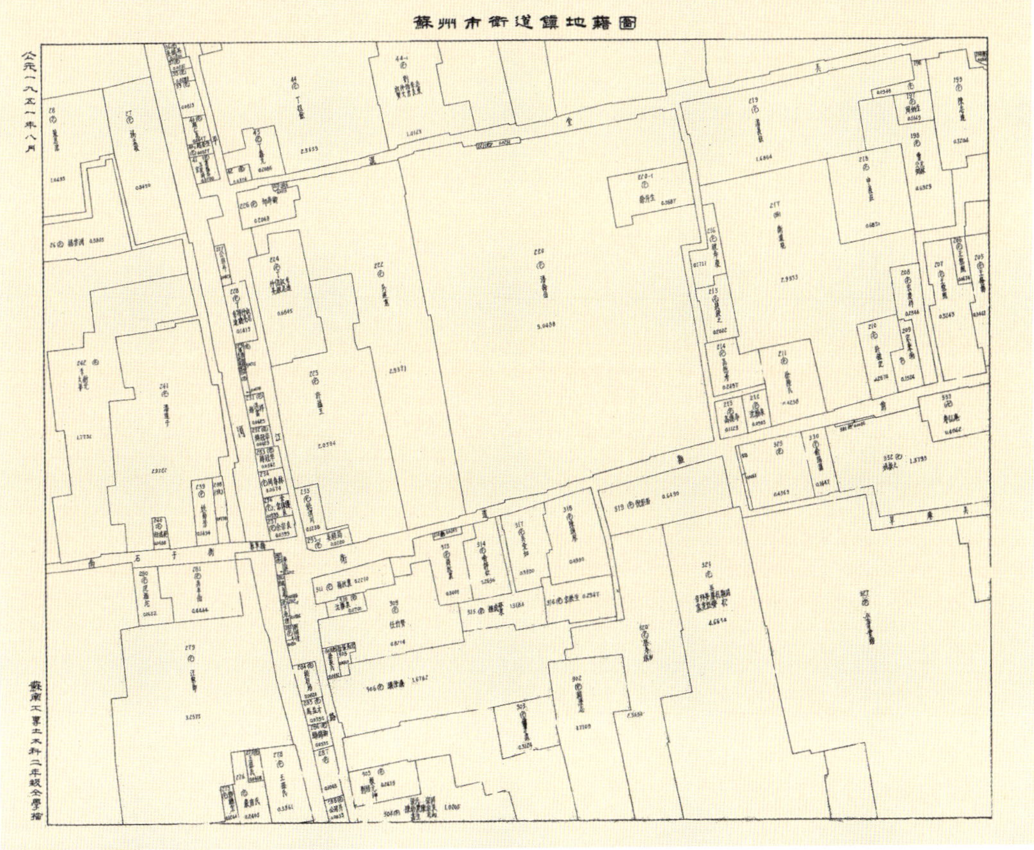

解放初期苏州市卫道镇地籍图

2. 建造年代

潘宅为清乾隆四十八年（1783）吴中商人潘麟兆（1687～1736）之子元忠、元常、元纯合家所建。

潘氏以迁吴始祖潘留孙为第一世，第八世潘传舫开始移家到苏州城内，家境逐渐日落。但是传舫之子第九世潘麟兆改习商贾，稽核盈亏，每至深夜，积铢累寸，最后形成丰厚家产。康熙六十年（1721）潘麟兆始移居平江路卫道观西偏，即今日卫道观前的卫道观西侧，原宅地并不大。

据张学勤编著的《苏州名门望族》记载：潘麟兆临终时对三个儿子说："我一心打算立宗祠置义田，但现只有田数顷，住宅一区尚不够用，希望你们努力。"长子元忠早已代父总管家业，次子元常应付外务，唯幼子元纯生性豪放。父死，元纯受母兄规劝携千金单身去京都、走辽沈，辗转西藏，远抵印度，往返20余年，贸通有无，常常得利数倍。三兄弟分工合作，合产数十年，终成家业大富。乾隆四十八年始，潘家耗资30万两白银，历经12年，扩建卫道观西偏宅地，并向东扩至14.42亩，形成五路七进之巨宅。

据古吴轩出版社出版的《吴中胜迹》也介绍潘宅为清乾隆五十二年（1787）由潘麟兆所建。

据2005年8月19日《苏州日报》"老苏州"专版，陶淳撰文《礼耕堂传奇》叙说：……乾隆四十八年潘家耗资30万两白银，历经12年，至1795年，翻建卫道观前宅地，扩至14.42亩，五路七进。那块浓缩了潘家祖训"诗礼继世，耕读传"的匾额"礼耕堂"被高高地挂在大厅正中。

潘氏后人潘惟德在《潘宅"礼耕堂"旧话》一文中表述：潘氏九世祖潘颖昌（字麟兆），自康熙五六十年间经商，购置第一座宅第，之后其小辈以及胞弟潘颖发等，或建或置不同庭宅13处之多。

此外，苏州市礼耕堂文化服务有限公司整理的《潘家大事记》也可印证礼耕堂的建造年代。

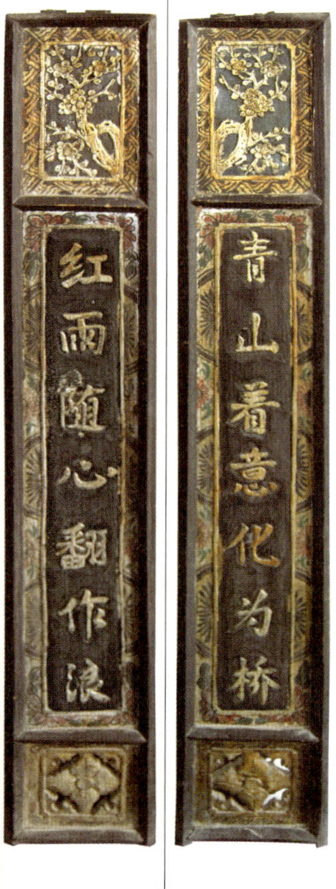

潘家大事记

康熙六十年（1721）

1. 潘麟兆奉母举家从齐门东迁居卫道观西。34岁。三个儿子分别为8岁、5岁、4岁。

乾隆元年（1736）

2. 潘麟兆去世。50岁。三个儿子分别为23岁、20岁、19岁。

乾隆十四年（1749）

3. 沈太夫人去世。56岁。三个儿子分别为36岁、33岁、32岁。

乾隆二十四年（1759）

4. 三代人惨淡经营，家道渐隆，潘家粗具规模。三个儿子分别为46岁、43岁、42岁，文起27岁、文楧25岁。

乾隆四十八年（1783）

5. 潘家耗资30万两白银，历经12年，翻建卫道观前宅地，扩至13亩，五路七进。元忠去世8年，元常本年离世。次年，元纯离世。文起51岁，文楧49岁。

乾隆五十年（1785）

6. 捐万两白银赈灾。文起53岁。

乾隆五十一年（1786）

7. 文起54岁，以赈灾恩官，正四品道员。文楧去世。

乾隆五十二年（1787）

8. 仲春，礼耕堂前牌楼落成，大厅悬梁同书手书“礼耕堂”匾额。文起55岁。

嘉庆八年（1803）

9. 购置义田（含祭田）4000余亩，建造混堂巷内“荥阳义庄”。文起去世。

嘉庆十四年（1809）

10. 嘉庆皇帝下旨“乐善好施”予潘家。

道光二十一年（1841）

11. 十三世潘家子孙潘筠浩捐资修建醋坊桥至察院场所需之长条。

所以，卫道观前潘宅是潘麟兆经商购置第一座住所，过世20余年后，由其儿辈们从1783年始，耗资30万两白银历时12年，翻建、扩建宅院，直至占地14.42亩。有的研究者认为应在1787年建造也自有其理，可能的依据是因为中路楼厅前的雕花门楼刻有乾隆五十二年（1787）款。

综上所述，按年份排列认为潘宅是由1783年开始建造、1787年建到中路楼厅前雕花门楼比较贴切，也更符合当时的客观实际。

江苏省文物保护单位——潘宅的保护范围及建设控制地带图

苏州市级文物保护单位标志牌

3. **文保标志**

1982年，卫道观前潘宅被列为苏州市文物保护单位。2006年被评定为江苏省文物保护单位。潘宅保护范围及建设控制地带由市文物局、规划局划定后报省文物局、建设厅。2007年9月20日，经省政府批准，省文化厅、建设厅、文物局印发的《关于公布苏州市第六批省级以上文物保护单位保护范围及建设控制地带的通知》（苏文物保〔2007〕143号）对卫道观前潘宅确定了保护范围及建设控制地带。规定保护范围为：东至徐家弄，南至卫道观前，西至界墙，北至混堂弄。建设控制地带为：东至猛将弄，西至平江河，南、北各至保护范围外20米。

2006年由苏州市政府设置保护标志，芝麻黑大理石镜框式标志牌，镶嵌于卫道观前民生里3号，临街前沿墙东侧墙体1.70米高的地方。规格为：90×60（单位：厘米）。碑文为“江苏省文物保护单位/卫道观前潘宅/江苏省人民政府二〇〇六年六月公布/苏州市人民政府二〇〇六年十一月立”。

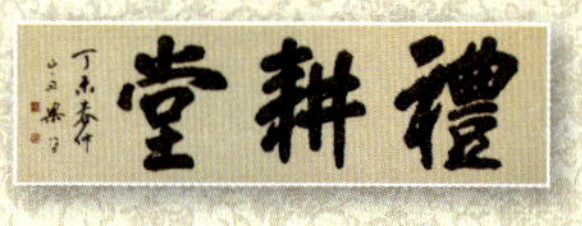

二、潘宅的建筑群落

“庭院深深深几许。杨柳堆烟，帘幕无重数……”

潘宅建筑分为五路。正路居中，现存七进。正路以东为东路建筑，从东往西共二路；最东侧东一路为六进，东二路为六进。正路以西为西路建筑，从东往西共二路；西一路为七进，最西侧西二路分为两落，东落四进，西落五进。

1. 正路

正路六进为门厅、轿厅、正厅（礼耕堂）、内厅（女厅）、两进楼厅。轿厅、正厅、内厅前分别建有3座雕刻精致的砖雕门楼。

1.1 门厅与照墙

门厅至今尚存，面阔五开间，硬山顶。

潘宅正路剖面图

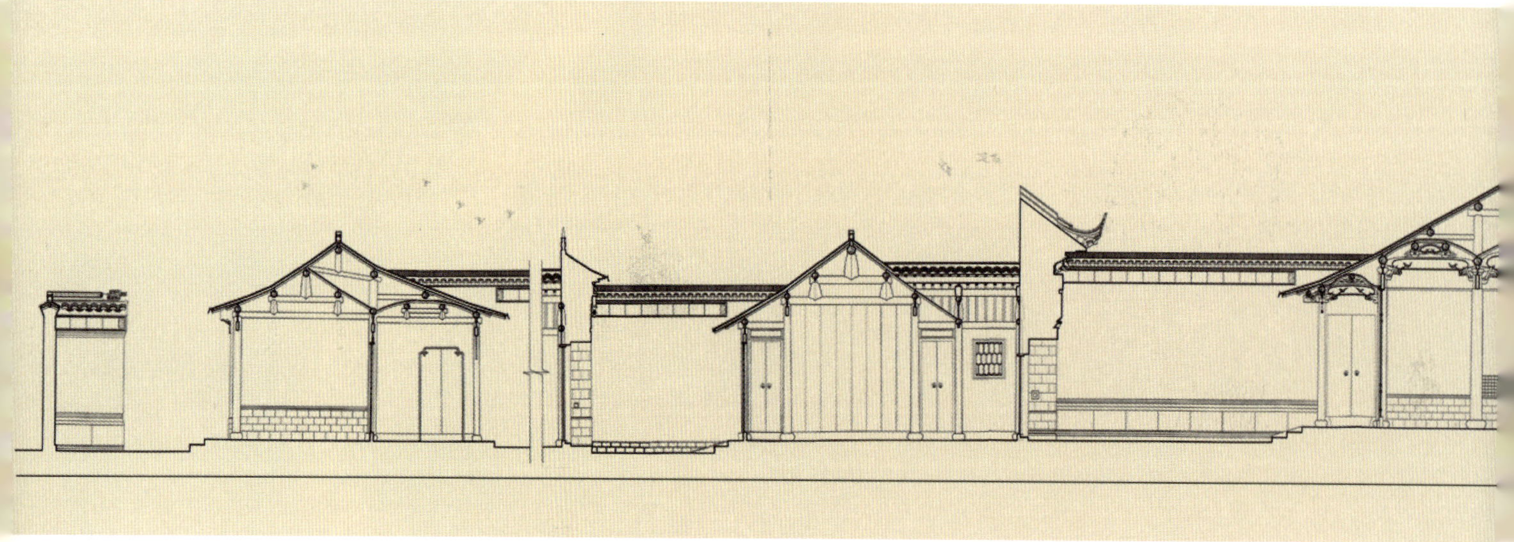

卫道观前潘宅现状平面图

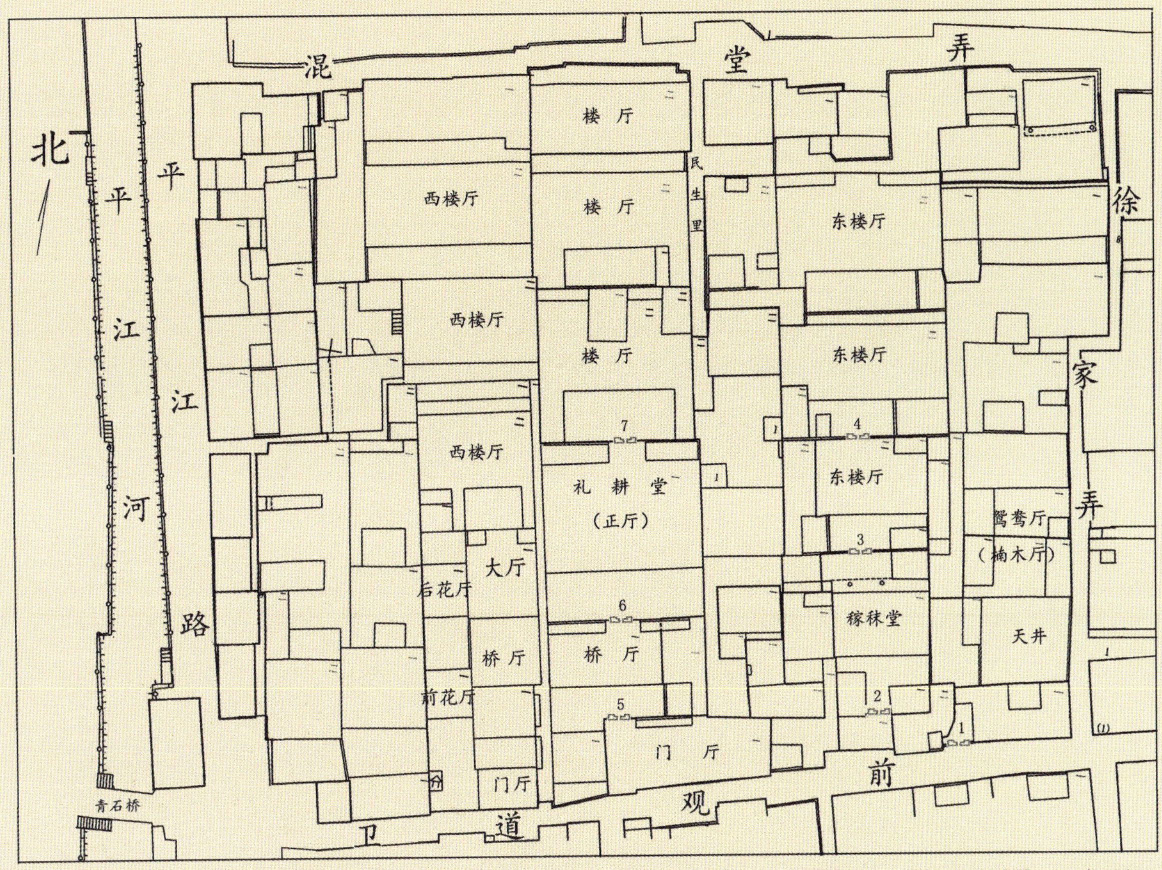

图例：▭▭ 门楼 1.无名；2.艺苑□芳（已拆除）；3.双面门楼；4.敷藻如江；5.居德斯颐；6.秉经酌雅；7.旭丽风和

潘宅现状平面图

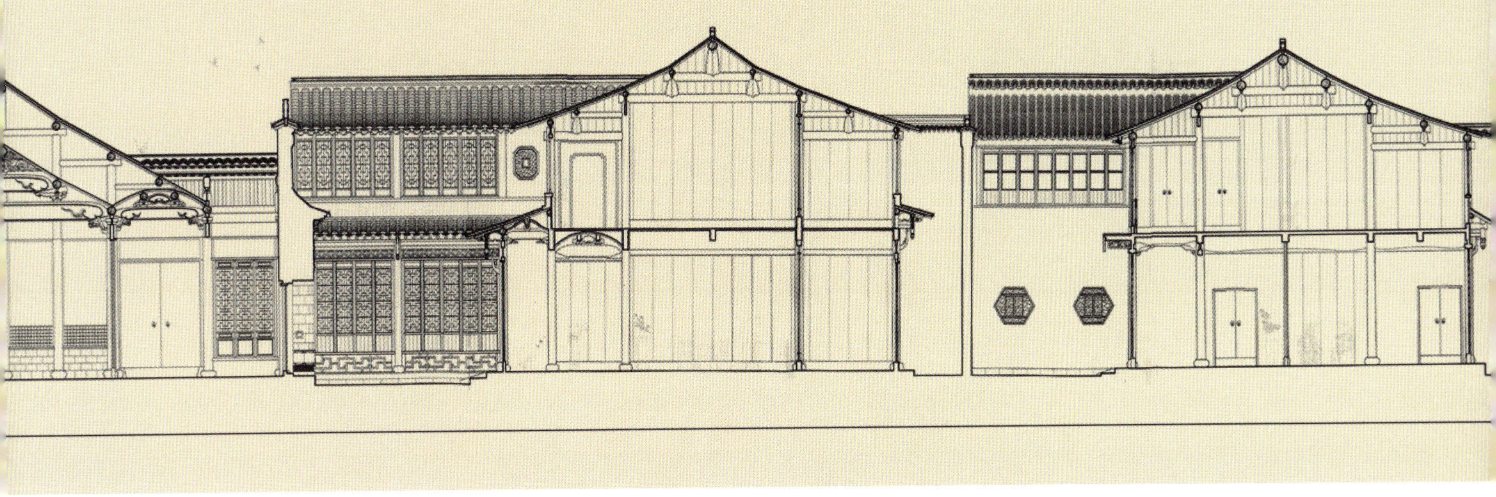

门厅之外的路对面，有照墙一座，而今仅存照墙的东边一角。潘宅照墙面宽8米，进深1.8米，檐高3.35米，成八字形，上覆短檐，墙体为一斗一扁式开斗墙。下砌60厘米砖勒脚，逐皮上砌，接近墙顶时砌硬抛枋约25厘米，然后砌两皮飞砖，做硬山式墙顶，二落水，墙顶檐口花边滴水。纹头筑脊环绕一圈。古代墙体的粉刷称“揚粉”，是用13厘米见方的灰板把纸巾灰向墙上揚，经过压实、揚光，再行刷水、

门厅屋面哺鸡脊

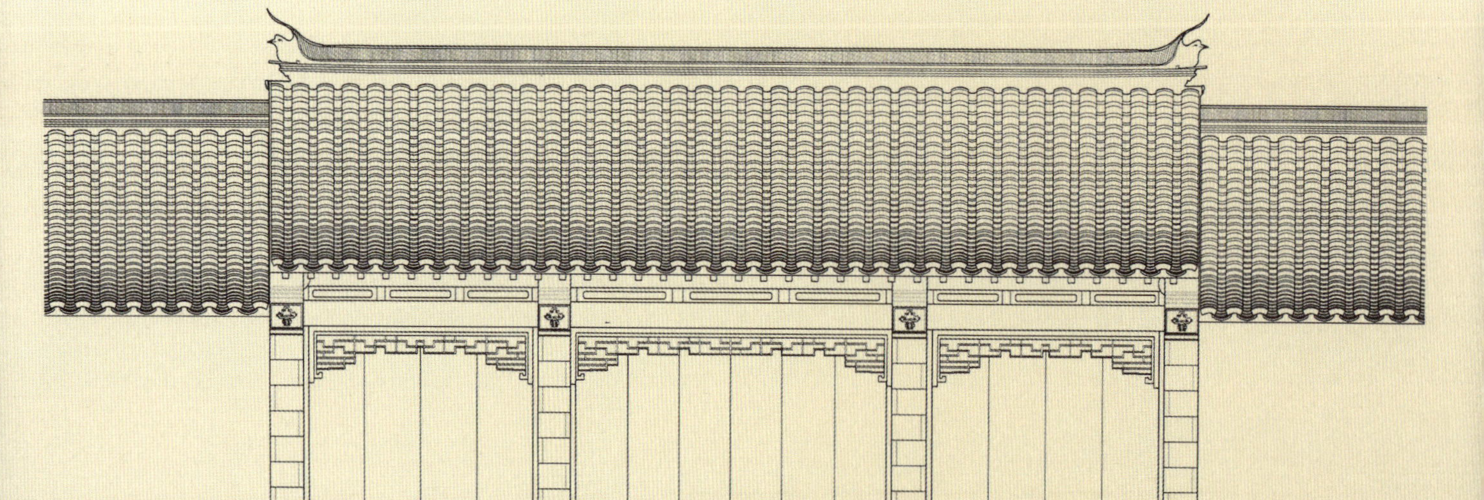

原正门立面复原图

潘宅遗存照墙现状一角

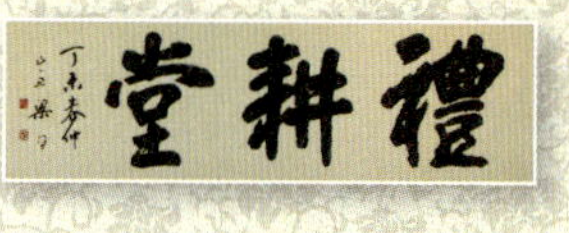

罩水，干后用丝棉包涂蜡进行压光罩亮，按此工艺一天不过搨五六平方米。所以古建筑的东山墙一般不会渗水。潘宅仅存的一段照墙，如今还依稀可见当时搨粉的纸筋石灰。

潘宅正路门厅与一般大宅门厅的不同之处，门厅向东偏离正路中轴线约7米，路对面的照墙亦随之偏挪，故仅宽8米。据考，这可能是由于照墙西侧有一条垂直于卫道观前的小巷，门墙偏移以避冲煞所致。

1.2 轿厅

潘宅轿厅位于正路门厅北侧，穿过潘宅门厅便进入轿厅前的天井。轿厅是宾朋来访用于停轿暂歇之所。遥想当年，人来车往，熙熙攘攘，每当宾客光临，便会有人迎上前去沏茶让座，同时另有人赶去向主人禀报，所以轿厅通常也被称做茶厅。百余年前，钦差落轿于此，带来了嘉庆皇帝“乐施好善”的旨意，将潘家的辉煌推至巅峰。

潘家轿厅为圆堂式，即梁架结构是圆作而不是扁作。扁作或是

轿厅南立面复原图

轿厅　牧云堂南立面

圆作则是厅与堂的样式区分标准。扁作梁架工艺相当费料、费工，也很费钱，但工艺复杂、比较精美，技术含量高；而圆作梁架只要选料粗壮，要求略高于一般民房建筑即可成型。清代，主人地位高低和富贵程度会在宅第的建筑形式上体现出来，很有讲究，扁作梁架结构显示的是主人的地位和富庶。小康人家建造住宅都采用圆作梁架结构，那么号称“江南第一豪宅”的潘宅为何也用圆作梁架结构来建造轿厅呢？极可能是潘家传承的“富而不骄，富不奢侈”治家风格所致。

轿厅五开间，面宽18.2米，进深6界7.10米，檐高3.2米，居中3间为正厅，东西两侧的边间用做备用间。硬山顶，哺鸡脊，屋面铺设厚实，走水当、盖瓦垄垂直均匀。为使屋檐水能落到最下层台阶外，特别在出檐椽上加钉飞椽，使屋面形成缓缓曲势。廊桁下三间置癸式挂落与厅廊前两边癸式木栏杆形成一体。正厅前置18扇十字长方式落地长窗，长窗虽有宽窄，为讨个吉利的口彩，均以6扇一间。西边间设6扇十字长方式短窗与正厅窗式相配。外廊上方鹤胫式一枝香轩，向西经门景接西一路备弄。面对正间是两级花岗岩台阶，台阶两侧置垂带石，花岗岩石板天井，自然给人一种富裕人家的感觉。

轿厅　牧云堂

轿厅　牧云堂园厅屋架现状

轿厅　牧云堂内摆设

轿厅内部，圆作四界大梁架于前后步柱之上，再以童柱提升梁架。屋架没有繁复装饰，仅以脊桁、金桁的节点透雕金兰滕的蜂头作点缀。厅后两边间每间置6扇书条形短窗。厅正间再向里走则是工字间，这也是到第三进正厅的通道。工字间两侧是蟹眼天井[①]。日光通

轿厅
牧云堂外天井一角

① 蟹眼天井，顾名思义，天井有如螃蟹眼睛一样，小而分设两旁，主要用来通风采光，通常点缀绿化或小品作装饰，来避免造景上的单调，是江南建筑的一大特色。

轿厅　牧云堂西南角小天井

过塞口墙上折射进轿厅，到了夏季也会有凉风从塞口墙向轿厅折回徐徐吹来。工字间尽头是第三进正厅“秉经酌雅”牌科砖雕门楼的石库门。

轿厅内高悬一块牌匾，上书“牧云堂”三字，为苏州当代年轻画家陈如冬所题。

1.3 正厅礼耕堂

径进轿厅，走过“秉经酌雅”砖雕门楼便是第三进石板天井。天井内平铺70×45（单位：厘米）金山花岗岩石板[2]，两侧席纹式砖街。台基为花岗岩锁口石加侧塘石，高约55厘米，锁口石厚达26厘米。正间前设置三级踏步，制作细致。

天井北侧就是正厅礼耕堂。该厅结构规整，用材粗壮，制作精细，气势宏大，为清乾隆时期具有代表性的建筑作品。

② 金山位于苏州城西南，金山石是苏州建材的特产，石性较硬，石纹细腻，略有脆性，色略带青或淡红，内有不均匀黑点。经加工后显得平整、光滑、美观、耐磨，故以金山石铺作天井是当时富裕人家的首选。

正厅礼耕堂南立面测绘图

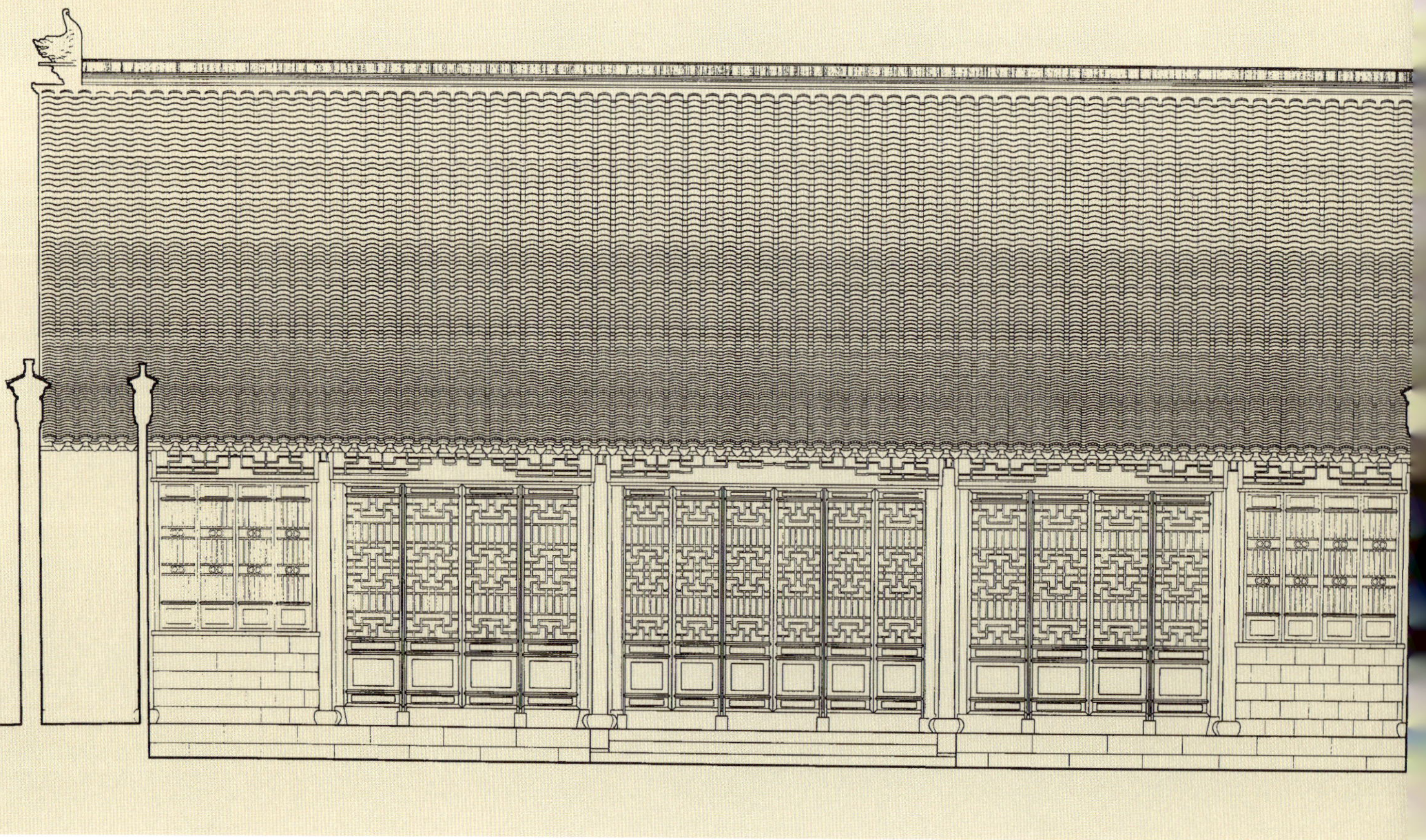

正厅礼耕堂剖面测绘图

正厅硬山式，五开间，面阔17.4米，进深14.10米，檐高达3.80米。正厅最高端是屋顶的哺龙脊，脊高达60厘米，最低一路为16厘米高的滚筒，往上是五路头线脚，在三路线脚以上嵌方缘一路，最高全部是蝴蝶小青瓦竖砌筑脊、两头各置一哺龙头，加上屋宇高峻，整个屋面高大宏伟，共分九架屋，前五后四。屋顶设草架，起到冬暖夏凉的作用。加上瓦盖得厚，底瓦垄要一搭三以上，盖瓦垄更加厚实要一搭六之多。当时的工匠精工细作，走水档做得笔直，顺着走水档，一眼能望到屋脊。盖瓦垄的每张瓦片都清晰可辨尽收眼底。举架的缓缓曲势，沿口又有花边滴水瓦相匹配，呈现在我们眼前的是古代建筑的曲线美。

走上花岗岩台阶，来到大厅外厅廊，廊宽1.6米，上方为一枝香轩，地面铺设方砖，厅廊外两侧设有1.3米高的葵式万川木栏杆。沿厅廊向东可以到东二路备弄，往西可通西一路备弄。

正厅朝南三开间置18扇宫式落地长窗，每个开间6扇，讨一个“六六大顺”的口彩。推开正间长窗，迎面抬头就看见白底黑字，浓缩潘家祖训“诗礼继世，耕读传

正厅礼耕堂内景

正厅礼耕堂原匾额
选自《苏州旧住宅参考图集》(1958年版)

家”的“礼耕堂”匾额，高挂在大厅正上方。“礼”取意《论语》“富而不骄，不若富而好礼……”礼者，敬也；据《正字通》解，耕者，治田也。用犁把土翻松，意为农耕。“礼耕堂”三字系乾嘉时期清代四大书法家之一梁同书[③]所书。原“礼耕堂”匾额在20世纪60年代佚失，后几经寻访终无结果，现悬“礼耕堂”之匾是采集了梁同书在其他书法作品中的字，采用电脑技术处理后制成。

踏进正厅，上方是船蓬轩，清代称为抬头轩，主要特征是轩梁与正厅大梁平行。船蓬轩东西两侧墙面为清水方砖斜立砌筑，四周清水砖浑面线脚更显古朴。

正厅扁作梁结构，以座斗举架提升，镂雕金兰式蜂头，以及两边棹木抱梁云相伴，共8组。棹木抱梁云上透雕着历史典故，古人借

③ 梁同书(1723年~1815年)，字元颖，号山舟，晚自署不翁、新吾长，钱塘人。大学士梁诗正之子。梁同书生性重孝，以书法著名，和刘墉、王文治、翁方纲并称四大家。并且声名远播到朝鲜和日本。

正厅礼耕堂现复原的匾额

正厅礼耕堂内布置

正厅礼耕堂内
扁作屋架和山雾云

④ 吴大澂（1835年～1902年），名大淳，字止敬，又字清卿，号恒轩，又别号白云山樵等。江苏吴县（现苏州市）人，同治进士，官至湖南巡抚。平生致力于古器物研究，为清著名金石考古学家。工书，善大篆，篆书整齐划一。

此欲想表达究竟何为，却已无从考证。屋尖山架梁置流云飞鹤山雾云木雕，60度泼水犹如鹤翱云天，栩栩如生。下架四界大梁，前檐挑檀头雕水浪龙头鲤鱼，内雕灵芝梁垫，形象生动、精致细腻。“礼耕堂”匾额下是三开间统宕平门，白色抄漆龟裂纹。原厅内左右边间隔设有矮墙半栏，喜庆祝寿时专供女宾看戏听曲之用。

正厅悬有一幅抱柱楹联：“心术求不愧于天地，言行留好样与儿孙。”为清末吴大澂④所书。此联出自于明朝袁崇焕所写“心术不可得罪于天地，言行要留好样于儿孙。”意为做人要心术正直，不可获罪于天地，言行举止要为子孙后代做榜样。

从左右边间走到正厅三间统宕平门背后是工字间。工字间两侧

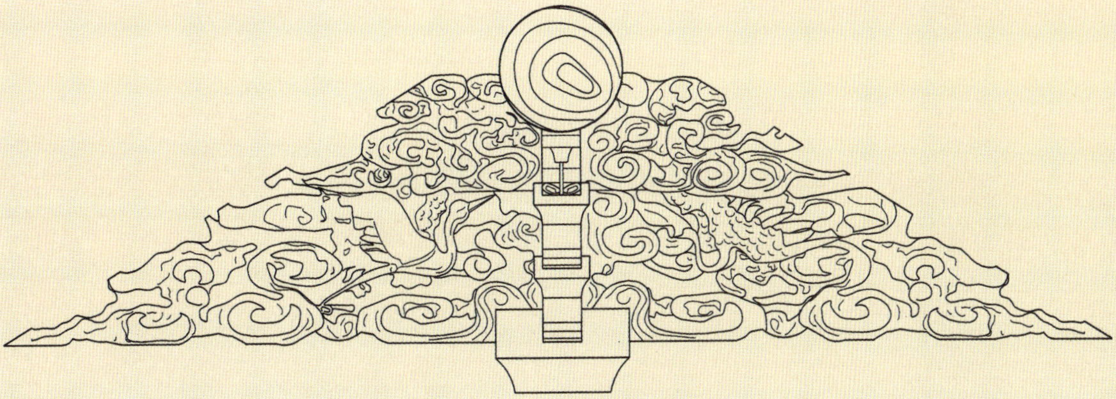

山雾云测绘图

正厅礼耕堂抱柱楹联“心术求不愧于天地，言行留好样与儿孙”

设置蟹眼天井，小而精致，内设阴沟，将屋檐雨水排出。蟹眼天井与正厅之间隔有曲尺形宫式短窗，由于当时在中国玻璃较为罕见，短窗配以云母明瓦来透光。

这座被称做“礼耕堂”的潘宅正厅，曾经是江南第一等的豪宅大厅，是潘家举行礼仪、接待宾客的地方，偶为戏台。当我们站立在这厅堂之中，恍惚之间，昔日济济满堂、人声鼎沸的场景浮然眼前，男宾端坐前列，女眷群聚两厢，以垂帘隔之；堂前绣羽红炉，氍毹铺地；一曲昆剧，缠绵婉转，柔漫悠远而绕梁不绝。也许这便是当年潘

正厅礼耕堂宫式落地长窗铜拉手

正厅礼耕堂和天井

正厅礼耕堂南正间立面

礼耕堂的厅廊和廊顶的一枝香轩

屋檐、花边、滴水瓦

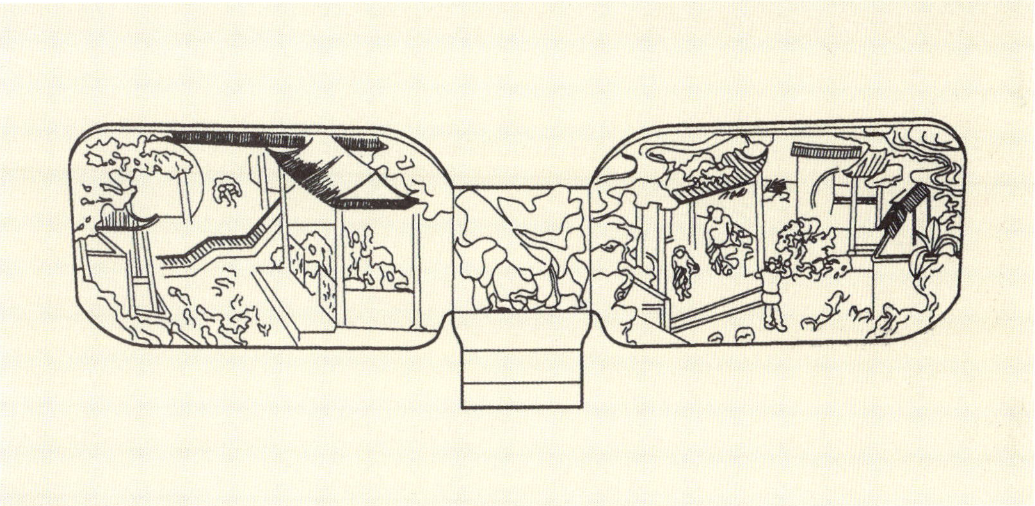

樟木抱梁云测绘图

樟木抱梁云

正厅礼耕堂前　天井一角

礼耕堂东侧备弄砖雕花窗，内为礼耕堂东北角蟹眼天井

正厅礼耕堂台阶及垂带

礼耕堂东侧备弄

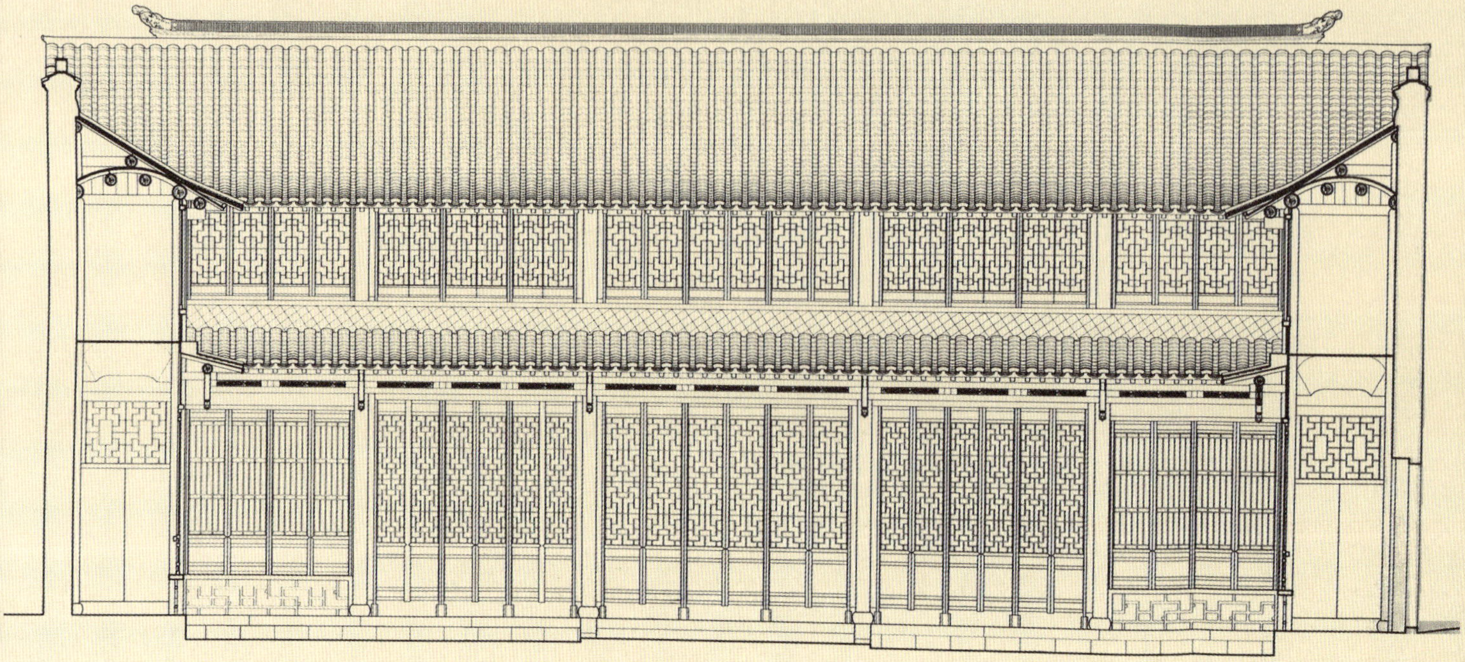

中路第四进内厅南立面复原图

家奢华生活的写照，也为苏州历史记载留下那浓重的一笔。

1.4 内厅

经正厅礼耕堂走过“旭丽风和”墙门式砖雕门楼，就来到第四进。

天井有近百平方米，平铺金山花岗岩石板。厅堂前的水井颇具特色，此井不置井圈，而采用石板为盖，其形状、大小和天井内其他石板一般无二，将水井巧妙地隐藏于石板之下，井盖石板上则留有起盖的洞孔。

天井北侧便是内厅。尽间阶沿石厚达26厘米，然而室内外地坪相差32厘米，正间虽然只有两阶踏步，但平均达到16厘米高、近40厘米宽，如此规格在当时实属罕见。

内厅是潘家眷属起居应酬之处，亦称女厅。内厅设有五开间两厢

房（双开间），面宽19米，进深10.80米。底楼檐高3.65米，二楼檐高2.60米。两边向南延伸出双开间两厢楼房，配有宫式短窗。厢房连接边间接壤之处嵌一宕六角形冰凌嵌玻璃式漏花半窗，半窗往下设置有雀宿檐。雀宿檐顶端是一条45厘米宽的防水赶宕，主要用于泄雨防水。赶宕方砖伸进楼半窗槛底，往外倾斜，每当有雨水自短窗下滴时，便会顺沿着拖水板、赶宕方砖面、雀宿檐盖瓦垄和走水档，一直流泻至天井。雀宿檐约一米宽，铺设赶宕、小青瓦和望砖，重量不菲，但底下却没有柱脚支撑，只是利用内厅柱脚延支一根琵琶撑承重，历经百年风雨，雀宿檐仍然保持原样。雀宿檐底部还建有一条弓形翻轩有如一条长廊，万川形挂落装饰向下延伸和宫式长窗相配，整体显得优美谐和。

中路第四进内厅立面

路第四进内厅里的一支香轩

中路第四进内厅雀宿檐及花窗

内厅的建筑规格要比正厅略为逊色。屋脊中间三间小青瓦竖砌筑脊，两端置哺鸡头，边间则采用回纹头甘蔗段筑脊。这种分三段的屋脊是清代屋脊的一种典型建筑形式。整个屋面除少草架以外，盖瓦垄、走水档和正厅屋面的做法相仿。屋面曲势缓和，再配以飞椽起翘加花边滴水，体现建筑的古典之美。

踏进内厅就能望见一枝香轩，平行于一枝香轩北侧的是船蓬轩，这种双轩并列结构在苏州建筑中并不多见。由于这里是女眷起居之处，结构布置不甚讲究。上楼扶梯放置在东备弄，上楼梯、进边间，沿天井半窗就可以通往各个房间或客厅。这种精打细算、既不占太多地方又不失体面的设计方式，却不经意地道出潘家富而不骄的家风之韵。楼层不高，约2.6米，扁作梁，雕刻精致细腻。屏门式开间隔断、纱长窗进深隔断，优点是能分能合，拆装自若，可以按需自由布置室内空间。承重的扁作大梁、轩梁、荷包梁、金兰蜂头等雕刻都繁复精细，梁垫雕有各种花卉图案。柱

内厅前石板天井

内厅前石板天井中的水井盖板

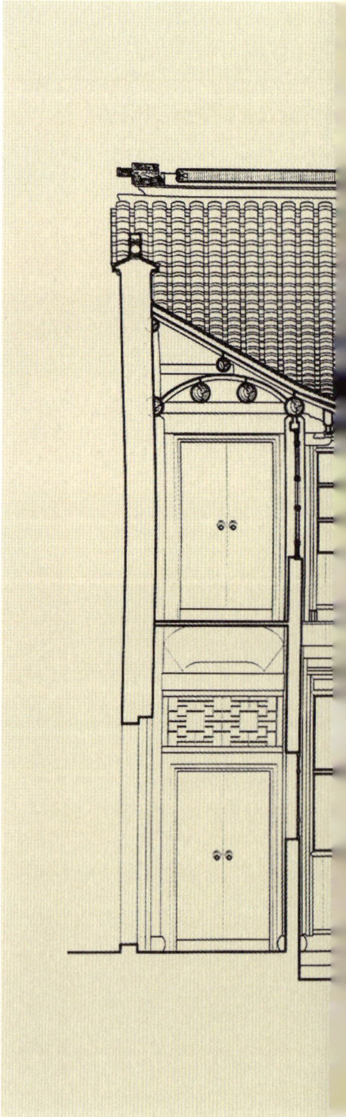

脚粗壮，麻布抄漆仍然原色可见，保存完整，不愧为当时的江南第一豪宅。

1.5 五进楼厅

内厅北侧为第五进楼厅，五进库门却置于楼厅厢房的底层，左转可由木梯上楼。

楼厅二层，五开间两厢房。扁作梁，开间面宽19米，进深9.2米；厢房面宽4.2米，进深2.2米。底楼层高3.6米，二楼层高2.6米。屋顶按厅堂屋面法则铺设，走水当、盖瓦垄垂直均匀，观音兜山墙，纹头脊。观音兜墙随屋顶斜坡上延，高出屋面约40厘米。观音兜山墙顶覆瓦，置水当一条，盖瓦垄两条，中部砖砌泛水出线一条，与

中路第五进楼厅南立面复原图

楼厅全观音兜

护条相配，确保沿墙屋面不渗漏。

二楼扁作梁架刻有镂雕，精巧细致。中间三开间统宕海棠棱角式落地长窗18扇，后窗为同式短窗。东西边间以砖墙隔断，次间与正间则以板壁隔断，对子门开关。长纱窗内隔断，设上下槛枕，以便拆装，青纱或糊裱书画装饰，这种纱窗内隔格式妙在轻巧秀丽，极富江南特色。二楼外悬挑阳台，80厘米宽，砖木结构，铺设4厘米厚大同楼板；阳台面用油灰铺设做细水磨方砖，侧面盘枋用油灰包贴雕花方砖。阳台上置癸式万川木栏杆，底部置以茶壶档轩。百余年来，阳台不漏不塌，可见清代工匠高明的建筑技术。

楼厅一层未设厅轩，细部装饰相比前一进内厅显得简洁，但更偏重于使用功能。一层扁作承重大梁，雕刻花纹繁复细腻。天井里，八角橄榄景花街铺地[⑤]。6米多高的屏风墙将外界与女厅隔断，这可能

⑤ 八角橄榄景花街铺地：是以砖或瓦片在天井地面上绘景，用红石、黄石、青石、鹅卵石、碎瓦片、碎碗片等在八角橄榄景内点缀出各种美丽的图案，是江南民居场所装饰的主要手法。

楼厅内景

楼厅局部立面

由于当时讲究男女授受不亲、贵贱之分的缘故。

“云鬓花颜金步摇，养在深闺人未识。”楼厅旧时用做小姐闺房，午后一幽炉香，佳人合香闺坐、拈花翦朵、诗书女红、恬静婉约。

1.6 砖雕门楼

潘宅正路轿厅、正厅、内厅天井前分别保存着“居德斯颐”、“秉经酌雅”、“旭

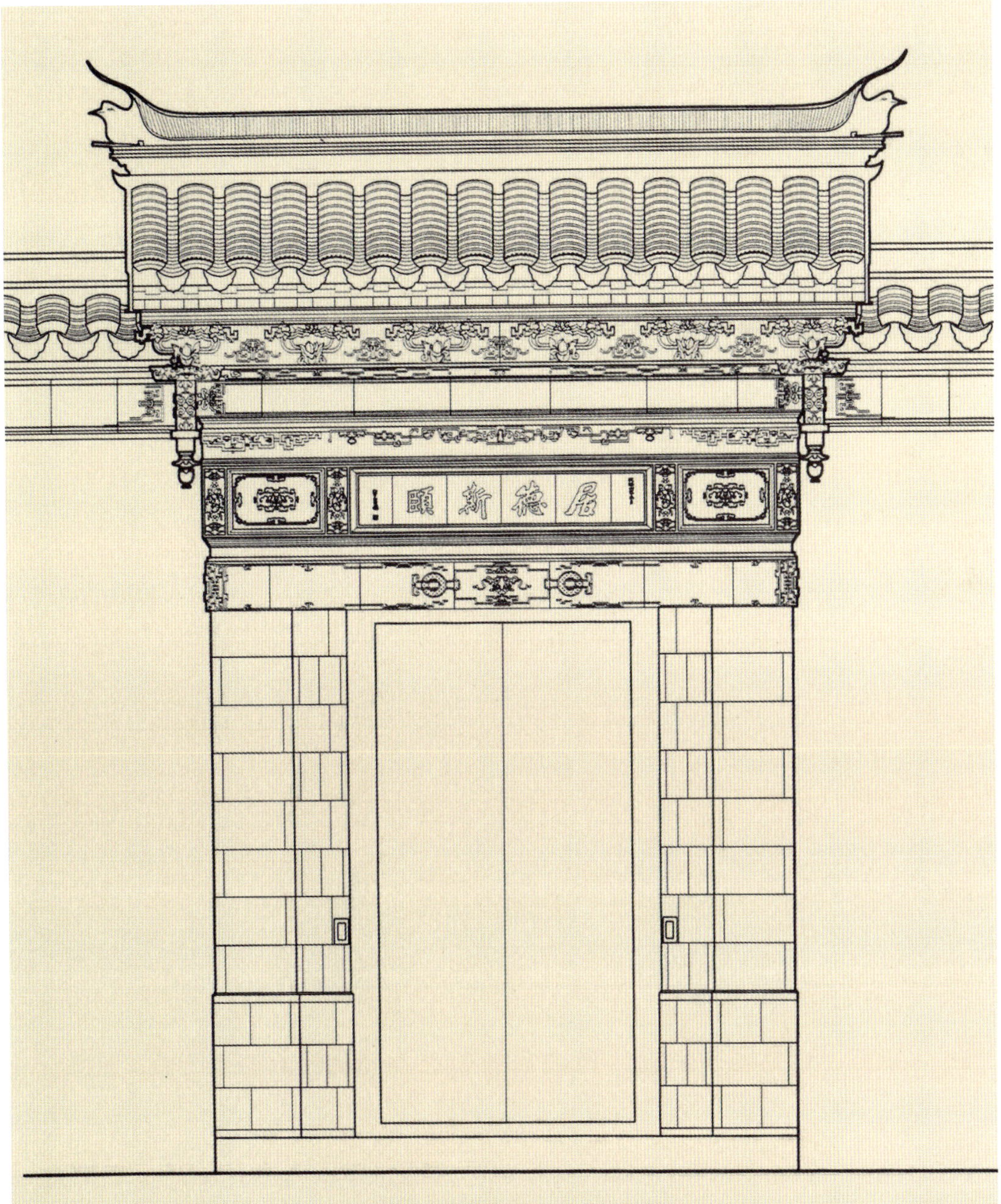

“居德斯颐”牌科式砖雕门楼复原图

“居德斯颐”牌科式砖雕门楼现状

丽风和”3座砖雕门楼，构图严谨、制作精细、雕镂工巧、各具特色，充分体现苏州传统手工砖雕的高超技艺，堪称清代砖雕上品，具有较高的历史和艺术价值。3座砖雕门楼，均刻有乾隆五十二年（1787）款，目前保存基本完好。

1.6.1 居德斯颐门楼

正路轿厅对景是一座牌科式砖雕门楼，面宽3.25米。山面砖博风，飞椽微有卷刹。硬山式屋顶，屋脊为滚筒式开口哺鸡脊，哺鸡口含“福”字，象征福临潘家。屋檐下砖雕莲花式一斗三升牌科，斗拱饱满圆润。斗拱砖雕，其形式胜似木材，三升雕刻以荷花形状支撑着砖细连机、并托砖作梓桁，六组牌科间均雕刻蝙蝠形花纹。上枋素平，枋下饰葵式乱纹，嵌花结挂落，大镶边以蝙蝠荷叶雕刻，蝙蝠为透雕、荷花头垂柱，衬托莲花的洁净高雅，莲花也是佛理的象征，意为“德”。大镶边内字碑题额“居德斯颐”。门楣上的下枋“一块玉”，雕以“П”形锁具图形、两边各穿一圆孔花线，象征“聚财”或“守财”，中间象征蝙蝠形象，寓意“美满幸福”。门楼下半段的垛头、勒脚均以水磨砖做细，油灰砌筑，细腻严密。垛头中间留有闩堂，一直延伸至墙中间，可作隐藏横门闩之用，又可用作以横扇大门。门以栗树板制作，坚硬无比，门板的厚度不小于6厘米；背面又加钉水磨做细方砖，还均配砖门钉，非常坚固。进出花岗岩台阶，两边花岗岩石垂带。从整个牌科雕花门楼看，造型繁简分明、雕刻精致、气派非凡。

字碑题额“居德斯颐”。居，积累；善行的积累谓之“居德”。颐，保养；斯颐，高寿；居德斯颐，取积德长寿之意。古有“活到古稀想耄耋，活过耄耋望斯颐”的诗句。昭示后代以积德作为养生之道。因为积德的祖训，才会有潘元忠之后潘文起，秉承积德教诲，于嘉庆八年（1803）建造混堂巷内“荥阳义庄”，嘉庆皇帝下旨“乐善好施”予潘家。

“居德斯颐”牌科式砖雕门楼

1.6.2 秉经酌雅门楼

正厅南侧的砖雕门楼面宽3.35米，与轿厅“居德斯颐”砖雕门楼相比，其砖雕更加精致细腻、轻巧、美观。

门楼为歇山式屋顶且四面落水，水戗戗角均以砖代木细雕而成。按江浙一带传统廊轩转角屋面水戗戗角仿制。滚筒哺龙式屋脊。竖带下端设兰花靠背，东西兰花靠背各置天神一尊，可惜东兰花

“秉经酌雅”砖雕门楼复原图

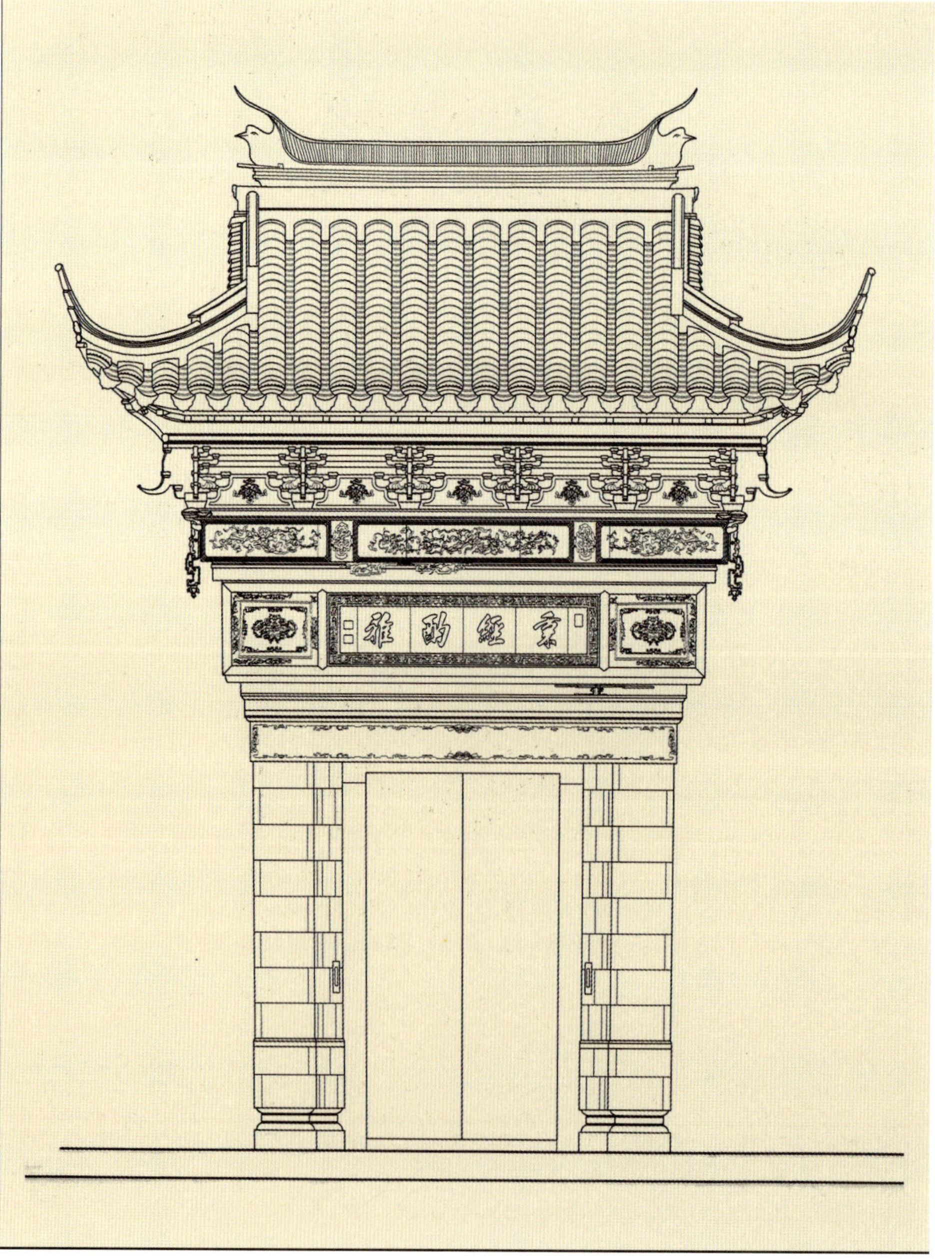

"秉经酌雅"砖雕门楼全图

“秉经酌雅”砖雕门楼题额

靠背雕塑现已损毁。这种门楼的屋顶营造法式在当时亦不多见。屋檐下是以砖代木、丁字形一斗六升五出参牌科6组，二级出挑，以承檐重。从侧面看，以升“顶”参，连顶两级，丁字升置透雕枫拱相连于升参之间，形同帽翅，可惜仅存一组。上枋细雕缠枝牡丹3方，曲尺回纹挂落、垂柱饰立雕灵芝吊篮。字碑题刻“秉经酌雅”，左右兜肚起凸线香熏图雕饰，周饰回纹大镶边，镂空立雕各式花草纹。下枋素平形似玉，周饰回纹镶边。门楼下部稳重简洁，须弥座式勒脚，勒脚与垛头一致，均以水磨砖做细，油灰砌筑，细腻严密，垛头中间留有闩堂。安清水砖贴面库门，门以栗树板制作，厚度不小于6厘米，门背面加钉水磨做细方砖32块，且均配砖门钉。门楼整体造型有一种轻、巧、美的感觉。

字碑题额“秉经酌雅”。“秉经酌雅”取义于《文心雕龙·宗经篇》：“……故文能宗经，体有六艺：一则情深而不诡，二则风清而不轻，三则事信而不诞，四则义直而不回，五则体约而不华，六则文丽而不淫，以为禀经制式，酌雅富言，是仰山而铸铜，煮海而为盐也！”

论、说、辞、序等体裁，都从《周易》开始；诏、策、章、奏等体裁，都发源于《尚书》；赋、颂、歌、赞等体裁，都以《诗经》为本源；铭、诔、箴、祝等体裁，都从《礼经》开端；纪、传、盟、檄等体裁，都以《春秋》为根本。这些经书都为后世树立了最好的榜样，为中国传统文化的发展开辟了广阔领域。因此，在创作上任凭诸子百家怎样驰骋活跃，归根到底总是超不出经书范围。如果能根据经书来制定文章格式，学习经书中的词汇来丰富语言，这就如同靠近矿山来炼铜，煎熬海水来制盐。

禀经，接受经书的榜样。禀，接受。当秉组成词组“秉承”作承受、接受解时同词“禀承”。因此“秉经”同“禀经”解，接受经书的榜样。酌，取；雅，指经书中雅正的语言。所以“秉经酌雅”题额，从字面上看是希冀后人能够通晓经纶典故，用书中的丰富词汇来著文立说。实际寓意，可能是教育潘家后代不仅要学识渊博，且在勉励德行、建树功名上还能秉承先圣遗意。

“秉经酌雅”砖雕门楼兰花靠背上的雕塑

"秉经酌雅" 砖雕门楼题额，门楼正面图

"旭丽风和"
砖雕门楼

1.6.3 旭丽风和门楼

第四进楼厅前端的砖雕门楼，在潘宅所有砖雕门楼中，可谓雕刻最为精致的一座。硬山式，山面做砖细博风。门楼宽3.33米，题额为"旭丽风和"。檐下饰回纹挂落，斗拱两跳，镂雕枫拱镶嵌于两跳斗拱之间，斗拱间隔镂雕各式花草。砖雕门楼整体采用立体镂雕工艺，雕饰凸出底面。上枋、下枋、兜肚、垂柱及两侧山面，满雕花卉果木，中央以牡丹为主，两边饰有梅、兰、竹、菊、荷、桂、桃花、鸡冠花、石榴、灵芝、佛手、寿桃，名花仙果集于一处，千姿百态，古色古香。梅兰竹菊本是画家手下的常物，此番运用在砖雕上也觉新颖，同

“旭丽风和”砖雕门楼复原图

"旭丽风和" 砖雕门楼

“旭丽风和”砖雕门楼一角

时还蕴涵着主人的追求和意愿。“福禄寿”的寓意也被包含于图案之中。最引人注目的是，左右垂柱，盘枋各雕一只蟾蜍，神态逼真，其憨态可掬，煞是可爱。蟾蜍是我国历史上祈嗣活动的吉祥物，深受百姓喜爱，刻在门楼上是希望它起到镇邪的作用，能保护家人的平安。

门楼脊头镂雕着蝙蝠流云和飞龙流云造型，凸于白墙间，飘飘欲动，寓有“福临”、“飞龙在天”之意，那雕塑的云彩于白墙间朝外微微凸出，十分逼真，仿佛即将飘然而去。

题额“旭丽风和”。旭，初出的太阳；丽，好看、美丽；和，温和；风和，温和的风，多指春风。初升太阳，徐徐和风，加上百花仙果的砖雕，一派春色满园、仙果累累的图景。总之，砖雕图案相配于“旭丽风和”的点题，充分体现了富贵平安、福寿康宁、恩爱美满、后世昌盛的民间传统祈望。

“旭丽风和”门楼上砖雕蟾蜍细部

砖雕枫拱镶嵌于两跳斗拱之间

“旭丽风和”门楼砖雕左云头

“旭丽风和”门楼砖雕右云头

2. 东一路

东一路建筑位于整座潘宅建筑群最东侧，可由东二路备弄入内。

东一路原为六进，目前仅存一厅一庭；其他建筑经多次改造，已无本来面貌，较难恢复。

第一进有一处小巧精致、花石典雅的庭园，面积不大，但山势起伏，古木婆娑，极有意趣。据陶淳的撰文《礼耕堂传奇》以及原住户的讲述，当时庭院内假山曾叠有水帘洞，上置形似观音、鲤鱼、牛、

鸳鸯厅现景图

鸳鸯厅前的楠木长窗

鸳鸯厅里的船篷轩（左）

鸳鸯厅内走廊的弓形轩（右）

蛇、龟、神以及唐僧师徒取经等奇峰异石。另据著名园林专家陈从周先生20世纪50年代鉴识，洞内有自然形成的“福、禄、寿”等字形，惟妙惟肖，巧夺天工。只是这些潘家在1787年借扩建整修旧宅觅来的假山湖石，已于1980年远渡重洋运往美国大都会博物馆的“明轩”，作为中国古典园林的代表在世界舞台上崭露头角。园内现在尚存白皮松、紫薇、黄杨、枣树等古树名木，以及残存的零星湖石。

庭园北侧的厅堂面阔三开间，歇山屋架、黄瓜环脊，造型别致，中间以屏门和挂落相隔，将厅堂分为南北两部分，因梁架南向为圆作，北向是扁作，俗称鸳鸯厅。颇具特色的是这座厅堂的构架、步柱、装修均采用楠木，故又称楠木厅。由于楠木身价昂贵，更能彰示主人的显赫地位。鸳鸯厅立面为落地楠木长窗，内设走廊，上为船篷轩，正屋置草架。楠木鸳鸯厅在苏州古城尚存甚少，故殊为珍贵。

东一路院子里的古树名木　紫薇

东一路院子里的古树名木　白皮松

古树名木白皮松标牌

古树名木紫薇标牌

东一路与东二路间备弄口的三飞砖浑水门楼

东一路与东二路之间原有备弄，现尚存半段，这条备弄以前是供潘家下人进出使用。备弄口尚有一座三飞砖浑水门楼，无题额。式样与砖雕门楼大致相仿，有垛头、扇堂、闩堂、下枋、上枋，但无大镶边，仅上枋内有回纹头和起线，纸巾灰雕饰。向上为三飞砖逐皮挑出，以承载屋面，屋面以小青瓦铺就。浑面式屋脊两头略有起翘，以树叶雕饰作为脊头点缀。整个墙门楼均以纸巾灰粉刷，刷以黑水。门楼的部分已被新建楼房侵用。

3. 东二路

东二路建筑位于东一路与正路之间，原为六进，现仅存花厅稼秣堂、三进、四进楼厅和两座砖雕门楼。三进、四进楼厅均为二层五开间，主体建筑结构尚存。东二路沿街原建有门楼，现已殁失。原东路书屋半砚斋因火焚毁，其余建筑物均已改造，无原样保留。

“金昭玉粹”砖雕门楼

双面门楼北面

东二路第二进南面“姹碧流霞”砖雕门楼

3.1 稼秣堂

花厅稼秣堂，建造之初专门用做艺事、嘉会、雅集、演剧等活动。稼秣堂清静雅致，位于一个相对封闭的院落之中，可由正南库门进入。库门原有一座砖雕门楼，题刻“艺苑□芳”四字，现门楼已废。堂前为四合石板大天井，两侧设庑廊。面宽12.14米，进深7.7米，配有14扇落地长窗。厅堂中部和东西两侧厅翼为观众席，厅翼上还加设阁楼，置屏门14扇。

“稼秣堂”，稼，禾之秀实为稼；秣，牲口的饲料。潘家祖训是“诗礼继世，耕读传家”，进则见礼、退而求耕，故正堂起名“礼耕”两字；在东路的建筑取稼秣之名，未尝没有点出“耕”字的主题隐喻。

3.2 双面砖雕门楼

稼秣堂北侧有一座较为罕见的双面墙门式砖雕门楼，即南北向各置一座门楼，朝南向外为三飞砖雕花

“姓碧流霞”砖雕门楼
双面门楼南面

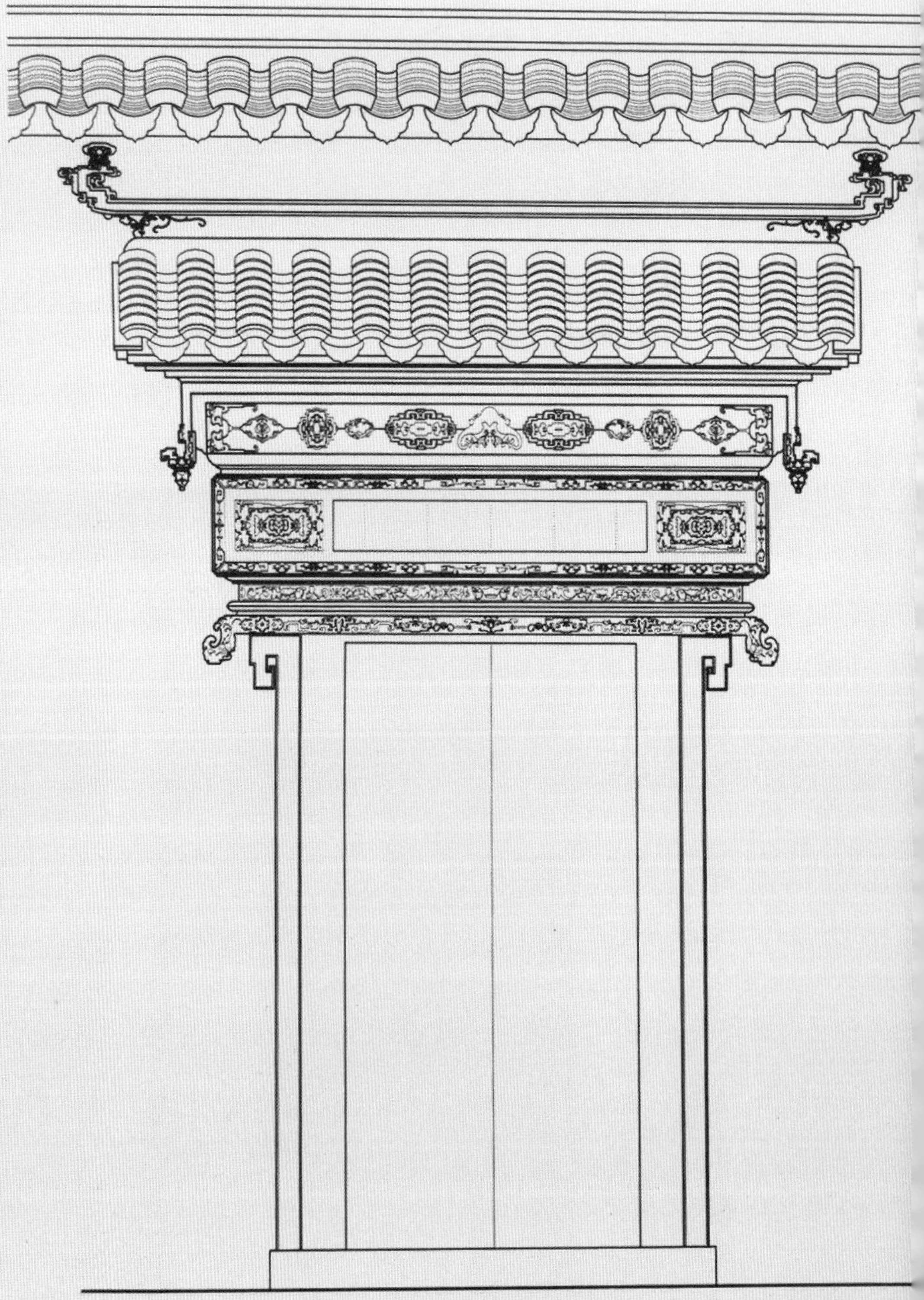

（南面）

双面门楼复原图

（北面）

"金昭玉粹"砖雕门楼东西挂柱的蝙蝠和蟾蜍

门楼，而朝北向内则是砖雕牌科花纹雕花门楼。

首先看到的是朝南向外的三飞砖雕花门楼，石库门框以及门框枕边有突出4厘米、宽12厘米的流柱，流柱可视做为砖垛头，以求上下遥相呼应。石库门上槛外侧是以清水砖做细，包住石库门上槛及顶板，形成一路浑面，浑面以回纹、花结纹雕刻，向上置束编细一条，其上又置一条浑面，浑面乱纹雕刻。再上则是大镶边，大镶边分为三块。两端兜肚内蝴蝶形花纹雕刻，中部字碑题字"姓碧流霞"。大镶边上方浑面一条，最上为上枋，枋内花结纹雕刻，枋上透雕挂落，两侧立雕荷花柱。然后用方板砖逐皮挑出，每皮飞砖挑出的宽度逐皮加大，连挑三皮方板砖，三飞砖门楼因此得名。其屋顶为硬山式，砖博风，蝴蝶小青瓦屋顶，砖雕纹头脊头，纹头顶部加砖雕如意，象征吉祥如意。浑面屋脊两头缓缓起翘，仿佛在高大的风火墙面上镶嵌了一幅优美的古建画卷。

跨过朝南向外的"姓碧流霞"雕花门楼，回头就看到朝北向内的

“金昭玉粹”雕花门楼。与“殅碧流霞”门楼相比，这座朝北向内的门楼显得高大宏伟。门楼为砖雕花纹式牌科，下做细清水砖垛头，墙面成八字形扇堂，砖垛头上部架以石条作顶板，并与外部石库门框连接。顶板侧面包清水砖作枋形，称下枋，也称“一块玉”。下枋内花结纹雕刻，雕刻细腻。向上一路浑面紧贴大镶边，大镶边两端兜肚内雕刻图案简洁古朴，中间题额“金昭玉粹”。再向上一路浑面紧贴上枋，上枋内花结纹雕刻，两侧立雕荷花柱，上方浑面一路，浑面之上6朵一斗三升牌科花纹雕刻，支撑起整个门楼屋顶。屋顶硬山式，砖博风，砖质出檐椽子上再加砖质飞椽，形成曲势，蝴蝶小青瓦屋顶，门楼脊头镂雕着蝙蝠流云和飞龙流云，与“旭丽风和”门楼相仿。

双面门楼朝南向外的题额，隶体“殅碧流霞”四字。殅：古“晴”字；也作“暒”。《说文》：“殅，雨而夜除，星见也。”徐灏笺“昼晴曰啓，夜晴曰殅，今通谓之晴”。流霞，飘动的云霞，“霞”与“瑕”字通。《文选》（汉）扬子云《甘泉赋》：“噏青云之流瑕兮，饮若木之露英。”题额描绘出一幅雨过天晴、红霞飘浮的景象：雨后，天空清明如洗，夕阳余晖的渲染之下，火红的晚霞在天际间灿烧流动、闪烁绚烂。寓意潘家经数代人的努力，几经风雨，终得事业成功。朝北向内的题额“金昭玉粹”四字。昭，明显、明亮；粹，纯粹。取意做人应如金子般明亮闪光，更似白玉那样纯粹皎洁；同时也隐喻金玉满堂之意。

就这两座门楼比较，外简内侈，即朝南向外的简洁朴实，朝北向内的宏伟奢华，勾勒出潘氏家族藏富不露的心态。

3.3 敷藻如江门楼

出二进工字间，第三进楼厅前有墙门式牌科砖雕门楼。门楼斗拱为浮雕回纹一斗双升形式，承重砖雕门楼顶。浮雕斗拱一共6组，

“殅碧流霞”砖雕门楼西挂柱

“敷藻如江”砖雕门楼

“敷藻如江”砖雕门楼东挂柱

斗拱间雕似回纹式蝙蝠，尤显古朴。砖雕门楼以砖质出檐椽上加飞椽，椽面覆以望砖，纯属木作砖做。硬山式，小青瓦屋面厚实均匀，浑面式屋脊两头略带起翘，脊头以云彩蝙蝠雕饰，恰似蝙蝠自天而降。斗拱下为一路托浑，紧随向下是上枋，上坊素面，两侧是回纹式荷花柱，荷花倒垂柱底，花蕊向上盛开。枋底四周开槽，上槽以悬回纹式挂落，枋内素平尤显清秀。枋下束编细和托浑一条，束编细下亦悬回纹式挂落，可惜挂落已毁。与挂落似平面相连的则是大镶边，大镶边起边雕以回纹。镶边两边是兜肚，兜肚起线嵌角，内雕似锦纹较为简洁。中部一块字碑，题额“敷藻如江”。门楼垛头上方为浑面下枋，下枋实为遮盖门楼石顶板之用，包贴一圈，枋边四周起线。枋内锦袱雕有花卉藤草，枋两头和中间雕有蝴蝶，左右的两束菊花，自然秀丽，形似一幅古版的蝶恋花。值得关注的是细砖工艺，除了传统的锯、刨、磨等手段以外，还对细砖表面的洞孔进行多次油灰抹磨，再经过精细叠砌，砖缝不差一丝一毫，整个墙面看来非常平服细腻，可见当时清代砖匠技术的高超细致。

题额“敷藻如江”四字，藻指文采。表达祈求后人文思泉涌，华

“敷藻如江”砖雕门楼

“敷藻如江”砖雕门楼一角

“敷藻如江”砖雕门楼西挂柱

丽文字的铺叙犹如同江水般连绵不绝。字牌落款者名谓蒋宗城。据考嘉庆年间有堪舆大师，名为蒋国，字宗城，曾著《地理正宗》；但一是年份有误（字牌落款为乾隆己卯年）；二是当时题字多以官吏名人为佳，故题著者究竟是谁，则无从查证。

失火后残留的山墙

3.4 半砚斋

大厅左右分别有东西备弄。据相关人士记载：东备弄外建有一座两层楼厅，名为“半砚斋”，面阔10.77米，进深12.8米，内横纱槅，分为前后两部分。前部较大，用做会客和小型演出；后部偏小，专供小憩或读书之用。20世纪二三十年代，评弹名家周玉泉、徐云志、严雪亭，苏滩艺人沈金根以及古彩戏法等都曾在厅内演出。厅南有楼，名为“对照楼”，两者以厢楼相连为走马楼。厅后有小天井，卵石花街铺地。可惜的是“半砚斋”和“对照楼”在1945年除夕因失火被毁，至今只能看到残留的山墙和地基。现在此处地基上已新建一幢三开间二层混合结构的楼房，失去了原楼厅的本来面貌。

失火后残留的墙根

西一路门厅屋面

4. 西一路

西一路分为正落七进、边落两进。正落建筑分别有门厅、轿厅、大圆堂及楼厅等。大圆堂西侧保留两进边落花厅。

据考，潘宅正路门厅、轿厅一般非重要节日或重大活动平素不开放，所以另在西一路建有门厅、轿厅等一套建筑群落，以供自家人员出入使用。

4.1 备弄

正路西侧建有备弄，备弄进门为石库门，另有门牌编号（卫道观前3号）。备弄，又称避弄、陪弄，指宅内正屋旁侧的通行小道，为女眷仆婢行走之用，以避男宾和主人，亦具有防火避灾之意。潘宅内共有3条备弄。通过备弄，可以通往正路前后，也可转至东西路的各进厅堂，使得整个宅第达到既隔离又连带的作用。西路的这条备弄长约150米，可直到宅北的混堂弄。备弄顶置茶壶档轩，一二进侧设蟹眼天井，借以改善备弄的采光和通风。

如此古宅总给人时不时的惊艳，当悠长的弄道呈于眼前，两侧的漏窗隐约透露着天井的景致，层层复复，仿佛走错了时光，置身于

维修一新的西一路备弄

历史的长河。微风习习，凉爽宜人，心旷神怡之余也不禁感叹岁月流逝。一切都是浮影掠过，只留下记忆在这里沉淀。

4.2 西一路门厅

备弄西侧是西一路一进门厅，原为潘家主人出入的通道。大门由6扇对开排门组成，排门门板覆钉回纹式竹片，抹以桐油，既保持光亮，又防水耐腐。金色竹片表示着富贵，“竹门对竹门，木门对木门”，又有门当户对之寓意。

门厅三开间，面宽7.10米，进深4.70米，檐高3.10米。屋顶纹头筑脊，蝴蝶小青瓦屋面。厅内圆作梁架较为简单，方砖地坪。因为只是供潘家人进出之辅门，故不太讲究。

门厅南立面

西一路第二进天井里的清代古井和水缸

4.3 西一路轿厅

穿过门厅，来到第二进天井。天井金山石板铺地，西南角置有一口清代古井，井栏圈采用洞庭西山青石。青石石质较软，易磨损，时至今日井栏圈光滑锃亮，却留下数道被井绳磨出的清晰印痕。在这儿凿有水井，主要是为了防范火灾之用，因而在天井墙角处放置了一口七石大水缸，平时将井水汲满水缸，以备不时之需。

西一路第二进天井里的清代古井

第二进天井，金山石铺地、地穴门、古井和水缸

天井北面是二进轿厅，为昔日潘氏家族人员出入落轿之处，圆作厅，三开间面宽7.10米，檐高2.76米，哺鸡脊、小青瓦屋面垂直均匀。轿厅前后正间均设6扇宫式对开落地长窗，两侧是宫式地坪窗，下半部附以万川式造型木栏杆。木栏杆内装活动式雨挞板，可自由装卸，一是可避风挡雨，二是夏日卸下雨挞板也能许以徐徐凉风。厅堂前后设走廊，东西两头均有门景供随意出入，向东可转入备弄，前廊进西门景便进入水榭庭园，而后廊进西门景可到边落前花厅。

轿厅规模不大，布置简约。廊柱现挂“观天地气象，读古今文章”楹联，为朱关田[6]所书。楹联意境深远，想来是认为潘氏祖先应是崇文的，“万业皆下品，唯有读书高”，文高于商，商只是生计，文才是理想吧。

遥想百年之前，黄昏时分，女眷归来，一款软轿盈盈落地，一道倩影婉婷前行，直到缓缓消逝在内宅深处。

西一路二进轿厅

⑥ 朱关田（1944年～ ），中国书法家协会副主席，浙江省书协主席。其书法以章草为根基，点画浑厚，结体宽博，左旁右骛，有雄强之气。主要理论著作为《中国书法史·隋唐卷》。

⑦ 赵之谦，（1829年～1884年），浙江绍兴人，初字益甫，号冷君，后改字撝叔，号铁三、憨寮，又号悲庵、无闷、梅庵等。所居曰“二金蝶堂”、“苦兼室”，官至江西鄱阳、奉新知县，工诗文，擅书法，初学颜真卿，篆隶法邓石如，后自成一格，奇倔雄强，别出时俗。善绘画，花卉学石涛而有所变化，为清末写意花卉之开山。篆刻初学浙派，继法秦汉玺印，复参宋、元及皖派，博取秦诏、汉镜、泉币、汉铭文和碑版文字等入印，一扫旧习，所作苍秀雄浑。青年时代即以才华横溢而名满海内。他在书法方面的造诣是多方面的，可使真、草、隶、篆的笔法融为一体，相互补充，相映成趣。

4.4 水榭庭园

转入轿厅天井左侧的地穴门是一处小庭园，空间小而精致，景观丰富而不觉局促。园内一湾小池，狭长曲折，水质清澈明净，鱼儿悠

西一路边落小庭园内水榭

水榭内的“观复”匾额

游自得。据传当年在池底深挖水井，与地下水相通，在天旱不雨时，池水亦不会干涸，同时井水冬天温暖，可供鱼类过冬。池畔湖石叠置，大小错落，凹凸相间，呈高低起伏的形状，凭现匠工灵敏奇特之意。

小庭园西南角置一水榭，依墙而筑，两面傍水，上有万川式挂落，东北面置吴王靠，水榭体量小，与小院格局相适宜，轻巧的飞檐翘角将人们的视线引向上空，以扩展空间。

水榭内悬挂一匾额，题“观复”两字，为清代赵之谦[7]所书，寓意人生际遇，轮回辗转，观复半亭，复观人生。

水榭内置一灵璧石，颜色乌灰，石面上隐现着一只鹤，谓“云鹤”。“灵璧一石天下奇，

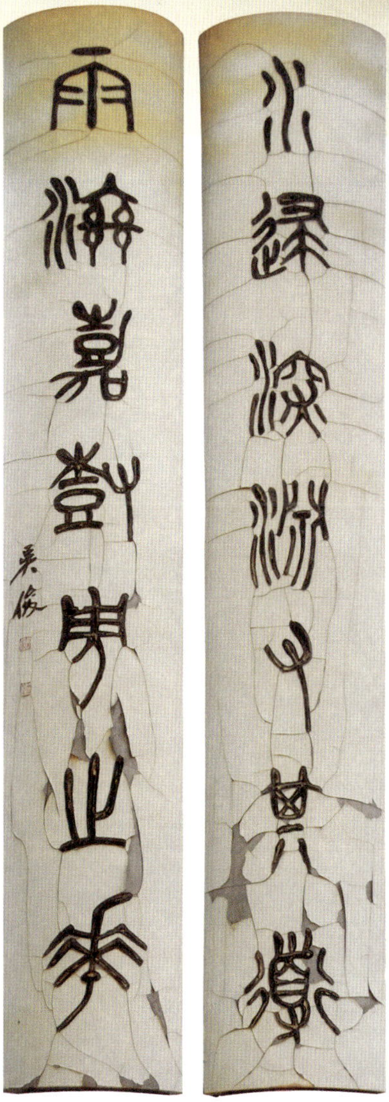

水榭抱柱楹联

夕春枫叶红

⑧ 吴昌硕(1844年~1927年),初名俊,又名俊卿,字昌硕,又署仓石、苍石,号缶庐、苦铁等,浙江安吉人。我国近代金石、书画大师。他的篆刻从浙派入手,后专攻汉印,也受邓石如、吴让之、钱松、赵之谦等人的影响。"三十学诗,五十学画",31岁以后,昌硕移居苏州,来往于江浙之间,阅历大量金石碑版、玺印、字画,眼界大开。后定居上海,广收博取,诗、书、画、印并进。晚年风格突出,成为一代宗师。

声如青铜色如玉",灵璧石又称磬石,居中国四大美石之首,原产于安徽省灵璧县磬石山北麓。

水榭抱柱挂一幅楹联:"水归深渊又其道,雨滋嘉树敷之华。"为吴昌硕⑧所书,与水榭庭园的景致相宜贴切。

水榭内灵璧石

主人偶尔登上水榭,倚栏而坐,俯身观赏庭园景色,抛食引鱼争抢,自有一种情趣油然而生。庭园内种植四季花木,蜡梅、青竹、红枫、瓜子黄杨,沿墙更植有一株阔叶芭蕉。铺地则利用各种颜色的碎碗片、角料铺砌成海棠芝花式花街,构筑出多彩的组合图案。小池水榭,奇峰湖石,清幽小道,花木藤萝,这静中有动的意境,仿佛是一幅立体的诗画。主人流连于此,心怀观复,正是中国古人刻意追求的天人合一、返璞归真的审美境界。

小庭园内太湖石

西一路西落小庭园全景

西一路西落前花厅

4.5 边落前花厅

水榭庭园北侧为西一路边落前花厅，面阔两开间，圆作梁架，造型轻巧舒展，是潘家主人生活起居的场所。花厅面宽6.23米，进深5.75米，檐高3.45米，哺鸡脊、小青瓦屋面。南立面置10扇棱角式对开落地长窗，北立面中间为棱角式落地长窗，两侧各设4扇棱角式短窗。厅内配以清式家具，居中的榉木拼圆称之为“月牙桌”，表达着中国传统对圆满的诠释。8张扇形藤面椅随意散开，别致的是合将起来也是拼成圆满。相传此厅下面设有一口古井，可用来调节温度，起到冬暖夏凉的作用。苏州古城里的井都与街坊边的河道相连，主人宛如坐在波光粼影畔，透过花式木窗，静观一叶红枫傲霜，一支蜡梅争艳。

4.6 大圆堂

穿过轿厅，便来到了潘家主人专用的大圆堂。大圆堂用于内眷聚集和商议家事。三开间，面宽8.90米，进深7.90米，檐高4.00米。抬头可见大厅屋顶的哺鸡脊，别具特色。哺鸡脊高60厘米，两头置哺鸡头，筑脊段底为一路滚筒、向上两路出线、紧跟间隔式字碑与亮花筒，可作串风或抗风之用，这种屋脊式样的使用在苏州民居建筑中较为罕见。

西一路大圆堂

大圆堂前的天井

大堂正面设廊，廊桁盘枋下置万川式挂落，14扇宫式对开落地长窗。三级花岗岩台阶虽不依正间面宽，而以三开间面宽三等分分配，倒也匀称。大堂抱柱上挂楹联“金玉其言芝兰其室，诗书为友道德为师”，这副楹联由费之雄[⑨]所书，意为金玉良言如芝兰香溢满室，诗书是友，道德为师，表达出向往诗礼治家的美好愿望。在东路建筑取以稼秫之名，点明“耕”的主题；而在这里却又暗隐“礼”字之意，这究竟是巧合还是古人刻意精心安排，已然无从查寻。

大堂东壁挂有一幅楹联“松竹梅岁寒三友，桃李杏春暖一家”为吴进贤[⑩]书。而西壁悬挂楹联“千种相思向谁说，一生爱好是天然”由曼翁[⑪]书。上联出自《西厢记·张君瑞草桥店梦莺莺杂剧》：“【鸳鸯煞】柳丝长咫尺情牵惹，水声幽仿佛人呜咽。斜月残灯，半明不灭。畅道是旧恨连绵，新愁郁结；别恨离愁，满肺腑难淘泻。除纸笔代喉舌，千种相思对谁说。”下联出自《牡丹亭·游园》【步步娇、醉扶归】（旦）你道翠生生出落的裙衫儿茜，艳晶晶花簪八宝儿填，可知我一生爱好是天然。恰三春好处无人见，不提防沉鱼落雁鸟惊喧，则怕的羞花闭月话花愁颤。

大堂前廊东西向均有门景。东门景可达备弄，而穿过西门景，这便走进西一路边落后花厅。

门景

⑨ 费之雄（1934年～ ），为苏州左笔书画大师费新我之子，故又名“左传三郎”，斋名“左席”，行草能得父风，又有自己特色，亦具江南水乡意趣。

⑩ 吴进贤（1903年～1999年），字寒秋。安徽歙县人。书法家。先后师从蒋炳章、李根源，并得陶行知指点，擅行楷，尤精隶书，与吴清望、余觉、蒋吟秋并誉为“吴中四杰”。

⑪ 爱新觉罗·曼翁（1916年～ ），满族人，师从虞山肖迢翁，精甲骨、钟鼎、秦篆、汉隶、楷书、行草，所作醇雅秀颖，善篆刻，40年代便已名誉江南。

大圆堂外走廊及通向备弄的门景

天命之谓性；率（性）之谓道；修道之谓教。道也者，不可须臾离也；可离，非道也。是故君子戒慎乎其所不睹，恐惧乎其所不闻。莫见乎隐，莫显乎微。故君子慎其独也。喜怒哀乐之未发，谓之中。发而皆中节，谓之和。中也者，天下之大本也；和也者，天下之达道也。致中和，天地位焉，万物育焉。

节录《中庸》语春时子小暑　西濠挥汗书

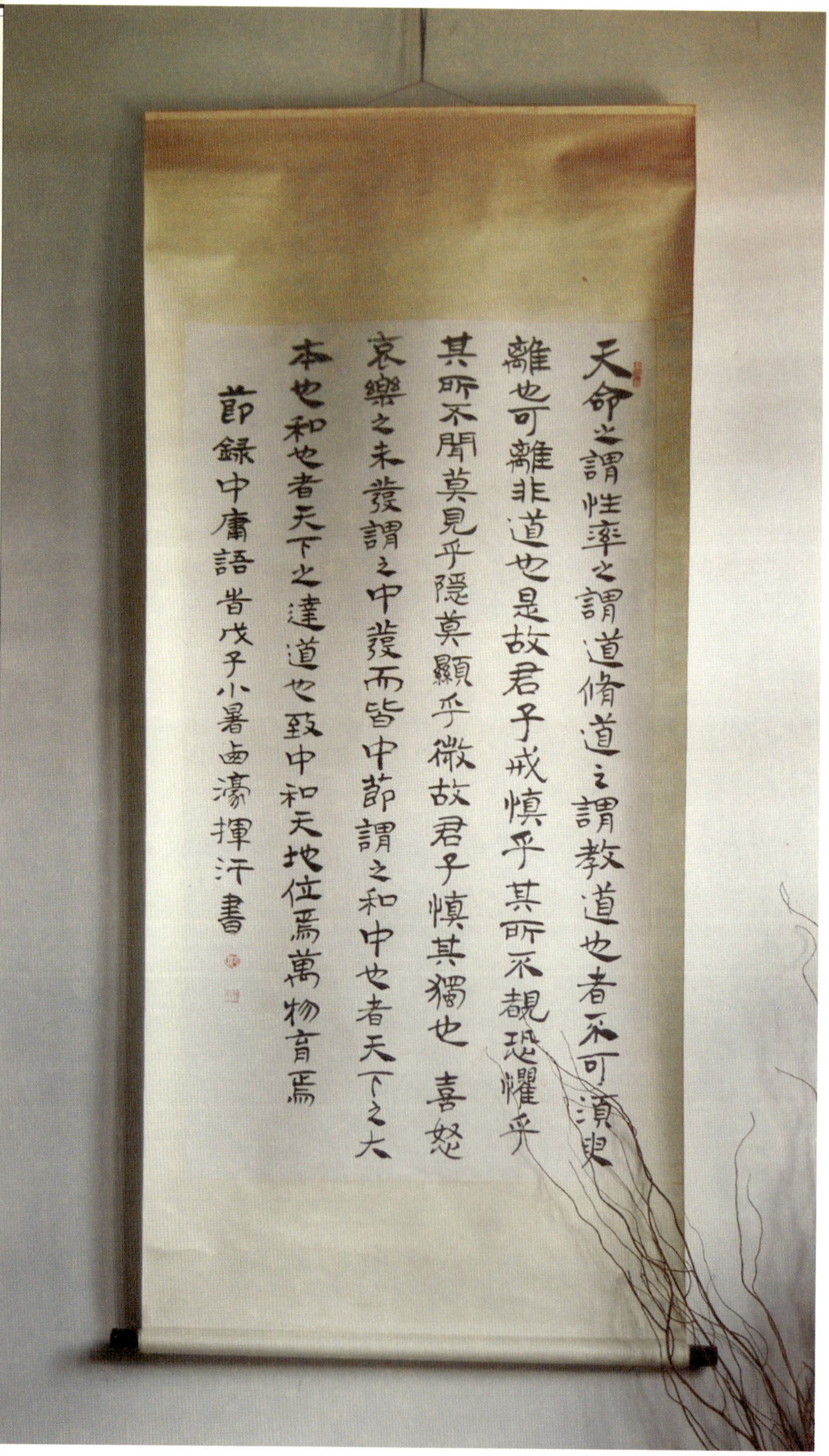

大圆堂内所挂书轴

大圆堂大厅内抱柱上挂楹联
“金玉其言芝兰其室，诗书为友道德为师”

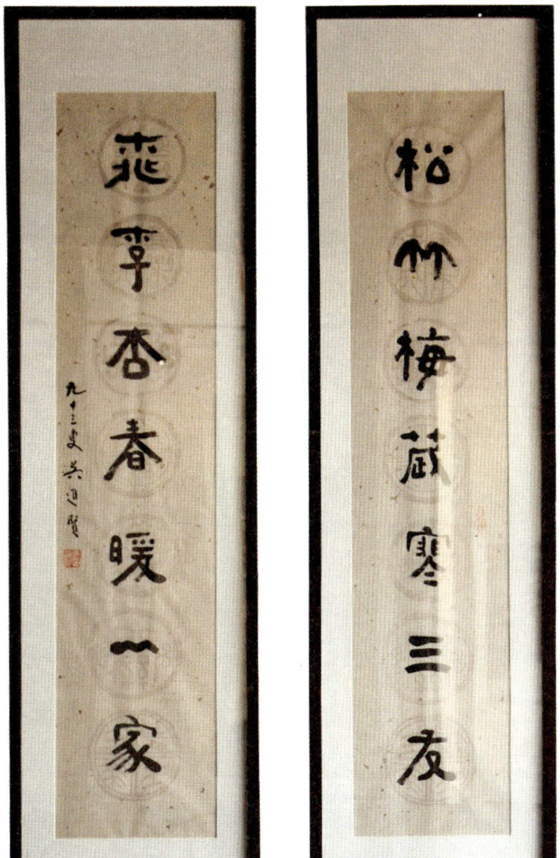

大圆堂内朝西南侧楹联
“松竹梅岁寒三友，桃李杏春暖一家”

大圆堂西门景 归复 通向后花厅
（外企夫人文化沙龙所在）

大圆堂屋面及桥厅屋面纹头

大圆堂内扁作大梁结构

大圆堂内朝东梅花图及楹联“千种相思向谁说，一生爱好是天然”

大圆堂工字间

大圆堂后蟹眼天井与汉瓶式穴洞

4.7 边落后花厅

西一路边落后花厅，亦称书厅。二开间，面宽6.07米，进深6.65米，檐高3.13米，圆作梁架，方砖地坪。书厅屋脊极其简单，仅用黄瓜环瓦代之，覆于屋脊盖瓦或底瓦之上，其瓦穹似黄瓜形，当然亦有盖瓦底瓦之分。黄瓜环形瓦必须与走水当、盖瓦垄的起伏相匹配，垄当起伏，垄与垄连成水平线，当与当落低亦相当均匀。这是一种园林式的屋脊，煞是好看。圆作梁架，内置卷蓬。南立面6扇棱角式落地长窗，厅后为8扇棱角式短窗，窗外是小天井，天井内植有石榴、槐树，青色石板、花卉古树，灰白围墙筑成幽静的小院落，微风拂来，花香扑鼻，轻枝摇曳，宁静舒适，潘家后人在此读书求功名确是再合适不过的一方天地了。

西一路西落后花厅

第四进楼厅

4.8 第四进楼厅

回到大圆堂，穿过厅堂后面的工字间，就进入第四进楼厅，因这厅是旧时潘家主人的起居场所，故亦称“内厅”。取“秉经酌雅”中的“酌雅”两字为楼名。

楼厅二层三开间，面宽10.45米，进深9.30米，楼厅底层高2.80米，二楼檐高2.60米，楼后檐高2.00米。楼厅前置前廊，东西两边设庑廊。庑廊沿天井置吴王靠，庑廊面宽4.90米，进深2.25米，檐高2.67米，前廊和庑廊相连，楼顶部置船蓬轩。西庑廊南置门景供出入书厅小天井，内厅圆作梁架，共分七界，前三后四，设草架，楼后置船蓬轩，楼厅板壁隔断，对子门开关，楼面4厘米厚大同板铺设，南立面楼层18扇宫式短窗，楼下18扇宫式落地长窗。

酌雅楼一副楹联，由华人德[12]书，“蜗牛入席问奇字，蟋蟀登阶联苦吟”。入席，谓举行宴会或仪式时各就位次。《红楼梦》第十一回：“凤姐儿说道：‘你快去入席罢，看他们拿住了，罚你的酒。’”奇字，汉王莽时六体之一，大抵根据古文加以改变而成。《汉书·扬雄传下》：“间请问其故，乃刘棻尝从雄学作奇字，雄不知情。”颜师古注：“古文之异者。”《隋书·经籍志一》：“汉时以六体教学童，有古文、奇字、篆书、隶书、缪篆、虫鸟。”泛指古文字。傅専《周鼎》诗：“腹中奇字隐约见，刻画屈曲蟠虬龙。”参阅汉许慎《〈说文解字〉叙》。登阶，登上台阶。唐李华《含元殿赋》：“降辇登阶，微闻玉声。”苦吟，反复吟咏，苦心推敲。言做诗极为认真。唐冯贽《云仙杂

⑫ 华人德（1947年～　），苏州市书法协会主席，习用长锋羊毫以大笔作大字，所作隶书紧结而开张，体堂皇严正，行书从隶书出，字间疏朗，质朴沉静。

第四进楼厅

楼厅前廊船蓬轩

记·苦吟》："孟浩然眉毫尽落，裴祐袖手，衣袖至穿，王维至走入醋瓮，皆苦吟者也。"宋梅尧臣《还吴长文舍人诗卷》："苦吟三十年，所获唯巾帼。"极有生趣。

楼朝西一副楹联，由曼翁书写，"桑田降膏雨，黍谷来和风"。膏雨，滋润作物的霖雨。《左传·襄公十九年》："小国之仰大国也，如百谷之仰膏雨焉。"《汉书·贾山传》："是以元年膏雨降，五谷登。"黍谷，这里指地里的禾苗。和风，温和的风，多指春风。三国魏阮籍《咏怀》诗之一："和风容与，明日映天。"唐杜甫《上巳日徐司录林园宴集》诗："薄衣临积水，吹面受和风。"

楼厅前天井一角

楼厅外西庑廊家具摆设

楼厅后水景

楼厅后景

楼厅后联廊
上层摆设

楼厅后联廊下层摆设

5. 西二路

西二路正落四进，边落五进。原有建筑已经基本破损，原貌尽失，仅存正落二进大厅和边落一进庭园。

正落二进大厅面阔三开间，扁作梁，山雾云雕刻简洁圆润。

西二路边落一进庭园内尚存湖石数块。据考，旧时另有象、狮、虎、豹造型的假山，也与东一路的奇石假山一并送往纽约大都会博物馆“明轩”之用。

凝望这些古老的建筑，青黛的砖瓦、斑驳的外壁，钩角镂花的木雕壁挂虽然犹在，可是历尽岁月的留尘，曾经的神采韵味荡然无存，如同风烛残年的老人，让人不禁扼腕叹息。

西二路大厅内扁作大梁和山雾云

山雾云木雕

潘宅的修复保护

PANZHAI DE XIUFU BAOHU

叁

一、修缮保养

卫道观前潘宅，100多年来一直为潘氏住宅。1958年，潘宅部分房产归国家所有，绝大部分散为民居；局部被街道办事处、居委会使用；中路门厅、轿厅、大厅则由苏州振亚丝织厂用做粮油经营部、工场及老年之家。待使用潘宅房屋的工厂单位搬出后，留下的房屋已破败不堪。

2001年6月始，由苏州市房产管理局分三期对卫道观前潘宅进行修缮。

第一期修复工程，主要是对西一路北面第五、第六、第七进房屋进行修缮，其中第五、第六进为楼厅，第七进为平房。修缮建筑面积975平方米。当时潘宅还属于市级文物保护单位，面对已经破败不堪的房屋，在规划修复方案时，考虑的重点是修缮利用，最后确定将西一路北面第五、第六、第七进房屋修膳改造为居民住宅楼。三进房屋的南北立面被改成砖砌墙，配装铝合金窗，房屋内部改为成套住宅的格局，修缮后安排了10余户居民入住。这个着重于利用的修复方案，在文物保护方面留下了很大的遗憾。幸好这三进房屋的立帖构架还保持着原样，在今后的保护修复中还可以恢复成原来的面貌。

2004年实施的第二期修复工程，主要修复中路轿厅，正厅即礼耕堂，西一路第一至第四进及备弄，修复建筑面积1226平方米。原制定的修复方案包括修复门厅，因搬迁门厅内的居民未果，而未能实施修复。

这次修复方案的总体思路是，房屋建筑按原样维修，尽量做到不更换或少更换原构件。破坏严重的西一路，尽量按原样恢复。正路两座砖雕门楼只作加固处理，对门楼上已有损坏的砖雕，未经专家论证，没有专门的维修方案时不准随意进行修补。原使用这些房屋的工厂单位退出，房屋经修复后不再作为居民住宅，把用途限定为文化事业，招租有保护能力的文化单位使用。

西一路的房屋因倒塌严重，修复工作展开后，经过细致的考证，在恢复原有风貌的基础上，复原了一个约120平方米的小庭园，复建“观复”水榭一座。

中路正厅礼耕堂是整个修复工程的重中之重，好在除门窗外的原结构件均完好无损。修复工作一开始，就对工厂使用时留下的水泥构筑物进行了细致剔除。但是正厅地面的方砖均已破碎，修复过程中除了将厅堂中间部分的方砖重新换用陆慕“御窑”生产的新砖外，两旁仍用原方砖进行拼补铺设。将厅前天井里的杂草、杂

平常心

树全部铲除，尽可能地使用原石板恢复铺设天井。对砖雕门楼进行加固，门楼上的砖雕仍然保持原样，待以后论证，制订专门的修复方案后，再行修复。

修复工程由苏州市太湖古建设计研究院勘察设计。修复工程方案报苏州市文物局批准，由苏州市蒯祥建筑有限公司施工。至2005年修复工程完工，耗资500余万元。

2005年8月，实施第三期修复工程，范围为中路北面第四、第五、第六进楼厅及中路以东二路的房屋，房屋建筑面积4385平方米。因为这些房屋中公私房的权属交错，居民住户又达80余户，在一时无法松动人口，搬迁住户的情况下，只能以解危为主，先作整修屋面、修补墙面等保养性维修保护，维修重点为杜绝屋面渗水，保证居民的安全正常使用。该工程当年年末结束。

另外西二路约为1000余平方米的房屋，仅作了日常性的保养维护。

二、保护利用

潘宅修复后，其中1226平方米出租给苏州市礼耕堂文化服务有限公司使用。公司于2005年成立，但走进这座老宅，谁也无心理会它是否有这么一个现代化的名称，口耳相传的仍是“平江府礼耕堂”。平江府礼耕堂是以会员制运营为主，集茶室、咖啡厅、餐饮、书画、古玩为一体的文化娱乐高级休闲会所。主导经营最纯正的苏帮官府菜肴、清茶、黄酒等。平江府礼耕堂倡导原味苏州生活，在传统工艺的艺术品研发上，与江南多位工艺美术大师保持密切合作。礼耕堂更推广雅集活动，集艺术品投资讲座、鉴赏，书画展、古典艺术表演等，服务上层精英人士。

公司承租进驻后，装修时邀请市文物局专家实地指导，精心布置，营造浓郁的苏州传统文化氛围，极力弘扬古韵今风，力求锦上添花，从而使整个会所凸现出吴文化的“精致、精雅、精湛、精美”。装修、经营的同时，全面做好防火、防盗等安全保护工作。

平江府礼耕堂会所建成后，先后接待过中共中央组织部、建设部、证监会、央行、济南军区等领导以及港、澳、台同胞，外国友人等。

中共中央委员、最高人民法院原院长肖扬曾视察礼耕堂，并观看了一台有苏州特色的文艺节目。中共中央委员、最高人民检察院原检察长贾春旺也视察过礼耕堂，并用了午餐。此外，还接待过国内著名书画家韩天衡、小品演员陈佩斯、电影明星刘嘉玲等一大批文化、演艺界的名人。礼耕堂古民居在利用中得到保护，受到社会各界的好评。

潘宅建筑物保存现状表

建筑物名称	保存现状	建筑物名称	保存现状
正路门厅	好	西二路东落第四进平房	一般
正路轿厅	好	西二路西落墙门间	一般
正路轿厅前“居德斯颐”额砖雕门楼	较好	西二路西落第二进楼厅	较好
正路正厅	好	西二路西落第三进楼厅	一般
正路正厅前“秉经酌雅”额砖雕门楼	好	西二路西落第四进楼厅	较差
正路内厅	较好	西二路西落第五进楼厅	差
正路内厅前“旭丽风和”额砖雕门楼	较好	东二路西落墙门间	一般
正路前楼厅	一般	东二路西落前楼	一般
正路后楼厅	一般	东二路西落后楼	一般
西一路门厅	好	东二路墙门间	一般
西一路东落轿厅	好	东二路第二进东落花厅稼秫堂	一般
西一路东落大厅	好	东二路第三进东落楼厅	一般
西一路前楼厅	好	东二路第四进东落楼厅	一般
西一路中楼厅	一般	东二路第三进楼厅前双面砖雕门楼	较好
西一路后楼厅	一般	东一路混水砖门楼	较差
西一路西落前花厅	好	东一路第二进鸳鸯厅	一般
西一路西落后花厅	好	东一路第三进	一般
西二路东落大厅	一般	东一路第四进	一般
西二路东落第二进平房	较好	东一路第五进	一般
西一路第二进天井内青石古井	一般		

注：
好：原物原貌保存较好，已基本修复。
较好：原物原貌尚有保存，已经过大修维护。
一般：原物原貌基本破损，已经过小修养护。
较差：已无原物原貌保留。

富潘贵潘

FUPAN GUIPAN

肆

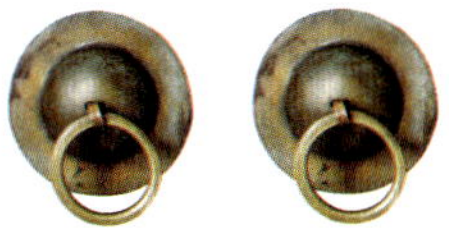

清代，在苏州曾出现过两大著名的潘姓家族。一家世代书香，家族中状元、探花和进士、举人不计其数，历朝为官，被称为“贵潘”，最有名的是状元宰相、四朝元老潘世恩。另一家依靠经商致富，积累了大量财富，在苏州拥有无数店铺、作坊、房地产，民间称为“富潘”，潘麟兆就是富潘的代表人物之一。

一、徽商吴商

关于潘麟兆是徽商还是吴商尚有争议。据广陵书社2006年6月出版的《苏州名门望族》显示：“富潘与贵潘”苏州的潘氏在清代中晚期就被人们分为苏潘、徽潘，俗话说“苏潘富、徽潘贵”。

那么关于富潘的渊源有二说：一说富潘和贵潘同出大阜一源。明代中期，十九世潘佛生（1428～1498）（国学生）有四子。长子潘廷护的六世孙即其蔚，其后裔为贵潘一族。次子潘廷茂的后裔潘祖义在晚明即迁苏州，其子为大阜姑苏派，是为富潘。另一说东汇潘氏即为富潘。东汇潘氏。据从《东汇潘氏谱》载，初创之谱于明末散佚，不可复考。故以迁吴始祖潘留孙为第一世。关于潘留孙的原籍生平亦有二说，一说本籍金陵，明洪武初官指挥使，分管苏州火药局；另一说先世毗陵人，明洪武初为山东寿张令，擢刑部司员。洪武十二年（1379）退归，相同之处是留孙爱吴中山水之胜，退休后居齐门外东汇，宅后有别业，后称潘家桥……其后裔分别称东分、中分、西分三派……

西分一派中隆池一房属此派，所为富潘也主要是隆池一脉。隆池房以六世潘寅为分支始祖，其孙潘传舫开始移居城内，但家境日落。真正称谓富潘，应数第九世潘麟兆始，潘麟兆（1687～1736）改习商贾，稽核盈亏，每至深夜，积铢累寸，家业稍隆。康熙六十年（1721）始移居平江路卫道观西偏。但潘麟兆经何商亦无从考证。

二、富潘家世

据苏州市礼耕堂文化服务有限公司收集的资料，对潘颖昌（麟兆）的描述：潘能且信实，昼夜勤苟，铢积寸累，家世稍稍隆起。辛丑奉太硕人移居平江路卫道观西偏。遇亲朋有急难事，必竭力周全，不少吝惜。自待俭约，茹蔬衣布，始终如一日。虽有田数顷，住宅一区，所用尚不敷。

潘麟兆和其后代的家世图表见下表：

潘麟兆及其后代的家世图表

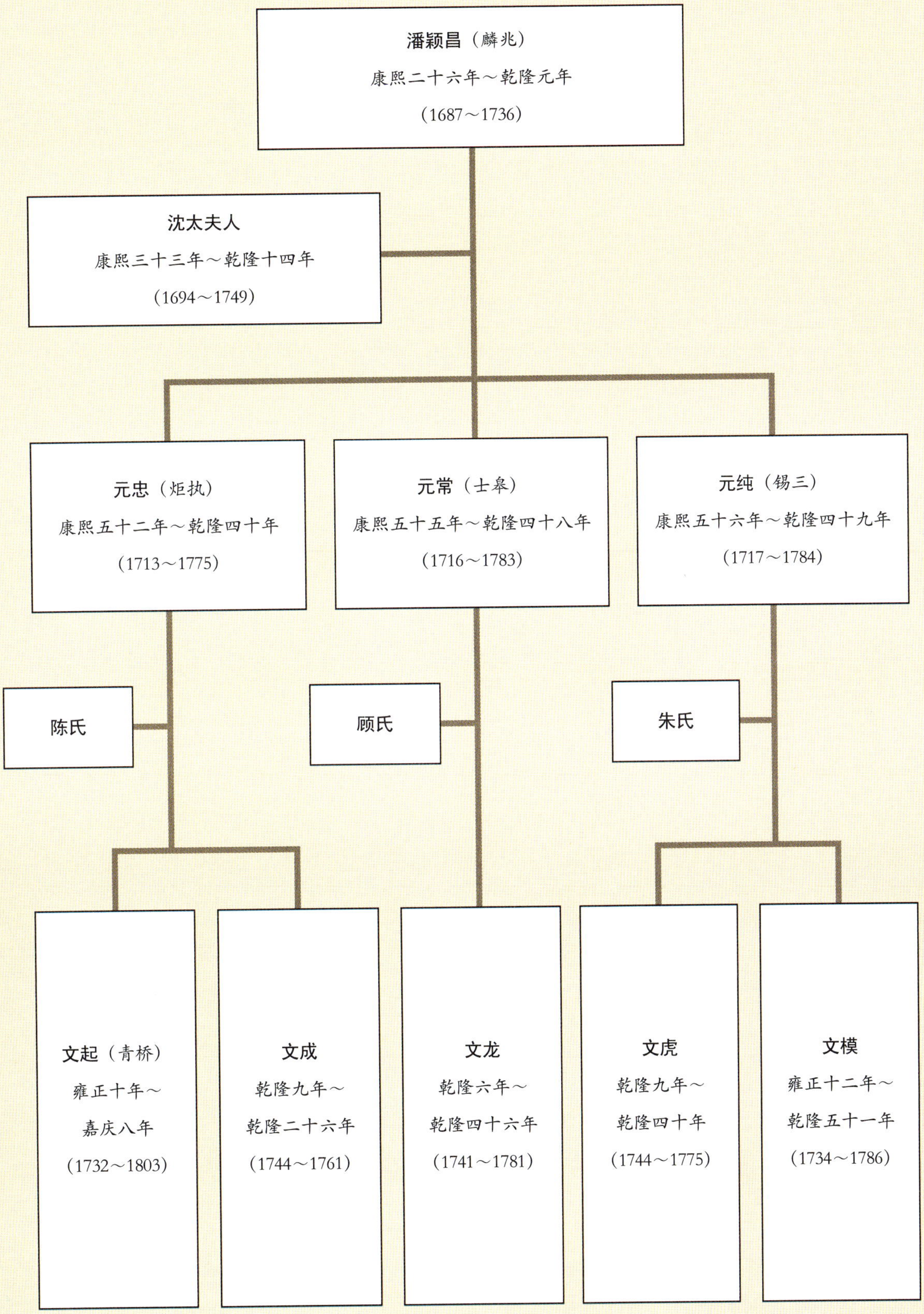

参阅资料

苏州地方志办公室

《苏州市志》　1994年出版

潘惟德

《潘宅“礼耕堂”旧话》　网络文章　2005年11月

姚承祖

《营造法原》　中国建筑工业出版社　1986年8月出版

刘敦桢

《苏州古典园林》　中国建筑工业出版社　1979年10月出版

陈从周

《苏州旧住宅参考图录》　上海同济大学出版社　1958年10月出版

苏州市房产管理局

《苏州古民居》　上海同济大学出版社　2004年1月年出版

徐民苏

《苏州民居》　中国建筑工业出版社　1991年3月出版

苏简亚等

《苏州文化概论》　江苏教育出版社　2008年12月出版

汤钰林

《风雅颂——苏州文化遗产楹联集萃》　中国旅游出版社　2009年6月出版

张学群

《苏州名门望族》　广陵书社　2006年出版

邓云乡

《水巷桂香》　古吴轩出版社　1999年2月出版

周人言

《文化遗产——苏州平江》　五洲传播出版社　2004年6月出版

陶　淳

《礼耕堂传奇》　2005年《苏州日报》老苏州专版

苏州市文管会

《吴中胜迹》　古吴轩出版社　1996年出版

中国历史文化名街评选推介组委会

《中国历史文化名街》　中国青年出版社　2009年6月出版

本书中的部分名人注释采用百度百科

本书中楹联的注释大多引自《风雅颂——苏州文化遗产楹联集萃》

后记

具有2500余年历史的苏州古城内遗留至今的历史建筑，大多为清末与民国初期所建。而古民居在古建筑中占了相当大的比例。随着对古建筑研究的逐步深入，古民居所蕴涵的文化历史价值及建筑本身的艺术价值，得到了充分的挖掘与认识。

自清代以来，潘姓家族名人辈出，苏州潘家有“富潘”、“贵潘”之说。潘氏在苏州古城内留下的古民居中就有各级文物保护单位、控保建筑多处。要研究苏州的近代史，不能不研究潘氏家族。而对苏州古民居的研究，则不能不研究潘家的民宅。礼耕堂，苏州平江路卫道观前的潘宅，原为市级文物保护单位，2007年调整晋升为省级文物保护单位，目前正在申报全国级文物保护单位，如能申报成功，无疑将成为江南古民居之首。

苏州地处江南水乡，古民居多为砖木结构，由于气候潮湿，清乾隆及以前能保存至今的原结构、原构件的民居屈指可数。礼耕堂为“富潘”一支潘麟兆于清乾隆五十二年始建，大部分原结构仍能保存至今，实属不易。正因为“富潘”的富裕，通过不断扩建，形成了一个8000余平方米的大宅。这在苏州甚至是周边地区，都没有一处古民居的规模能与之匹敌。

研究、描述苏州的古近代文化、历史及其作为载体的民居、园林等古建筑的著作无数，但专门展示一座古民居的文化、历史、艺术、人文的专著尚无先例。当它在申报全国级文物保护单位的时候，我们重新审视这座民居，不由得为它规模宏大的建筑群落、细腻精湛的建筑艺术、丰富渊源的人文历史所惊叹折服。为此，我们萌发了将它的现有资料、口碑资料，通过采访、汇集、整理、编写成书的设想。经过一年多的调查、研究、整理、撰写，现在终得成稿。今天我们可以通过此书，将苏州潘氏古宅——礼耕堂比较翔实地介绍给各位读者，也希望本书能在任务繁重、道路艰辛的苏州古城保护进程中发挥一点作用。

在编著过程中，我们得到了苏州市文物局、地方志办公室、档案馆等单位的友人，以及社会各界关心苏州古建筑的朋友们的支持和帮助。苏州市礼耕堂文化服务有限公司为我们提供了有关资料，并为编著工作提供了许多方便。在此谨向各位表示衷心的感谢。

编者

2010年9月

图书在版编目（CIP）数据

礼耕堂：平江历史街区——潘宅／徐进亮主编. —
苏州：古吴轩出版社，2011. 3
ISBN 978-7-80733-596-2

Ⅰ. ①礼… Ⅱ. ①徐… Ⅲ. ①民居—古建筑—建筑艺
术—苏州市 Ⅳ. ①TU241.5

中国版本图书馆CIP数据核字（2011）第032190号

责任编辑：唐伟明
装帧设计：唐　朝
责任校对：张　蕾
责任照排：王盼印

书　　名：礼耕堂
平江历史街区——潘宅
主　　编：徐进亮
出版发行：古吴轩出版社
地址：苏州市十梓街458号　邮编：215006
Http://www.guwuxuancbs.com　E-mail:gwxcbs@126.com
电话：0512-65233679　传真：0512-65220750
印　　刷：无锡市长江商务印刷有限公司
开　　本：889 × 1194　1/16
印　　张：10
版　　次：2011年3月第1版　第1次印刷
书　　号：ISBN 978-7-80733-596-2
定　　价：98.00 元

图书在版编目（CIP）数据

礼耕堂：平江历史街区——潘宅／徐进亮主编.—苏州：古吴轩出版社，2011.3
ISBN 978-7-80733-596-2

Ⅰ.①礼… Ⅱ.①徐… Ⅲ.①民居—古建筑—建筑艺术—苏州市 Ⅳ.①TU241.5

中国版本图书馆CIP数据核字（2011）第032190号

责任编辑：唐伟明
装帧设计：唐　朝
责任校对：张　蕾
责任照排：王盼印

书　　名：礼耕堂
平江历史街区——潘宅
主　　编：徐进亮
出版发行：古吴轩出版社
地址：苏州市十梓街458号　　邮编：215006
Http://www.guwuxuancbs.com　　E-mail:gwxcbs@126.com
电话：0512-65233679　　传真：0512-65220750
印　　刷：无锡市长江商务印刷有限公司
开　　本：889×1194　1/16
印　　张：10
版　　次：2011年3月第1版　第1次印刷
书　　号：ISBN 978-7-80733-596-2
定　　价：98.00 元